GAOZHI XINXI JISHU JICHU YINGYONG SI

U0890845

高职信息技术
基础应用实验教程

主　编

谭静　陶丽　谢亮

副主编

周凡　陈果

江苏大学出版社
JIANGSU UNIVERSITY PRESS
镇　江

图书在版编目(CIP)数据

高职信息技术基础应用实验教程 / 谭静，陶丽，谢亮主编. — 镇江 ：江苏大学出版社，2019.11(2024.8 重印)
ISBN 978-7-5684-1253-7

Ⅰ. ①高… Ⅱ. ①谭… ②陶… ③谢… Ⅲ. ①电子计算机—高等职业教育—教材 Ⅳ. ①TP3

中国版本图书馆 CIP 数据核字(2019)第 257681 号

高职信息技术基础应用实验教程
Gaozhi Xinxi Jishu Jichu Yingyong Shiyan Jiaocheng

主　　编/谭　静　陶　丽　谢　亮
副 主 编/周　凡　陈　果
责任编辑/汪再非　吴蒙蒙
出版发行/江苏大学出版社
地　　址/江苏省镇江市京口区学府路 301 号(邮编：212013)
电　　话/0511-84446464(传真)
网　　址/http://press.ujs.edu.cn
排　　版/镇江市江东印刷有限责任公司
印　　刷/四川煤田地质制图印务有限责任公司
开　　本/787 mm×1 092 mm　1/16
印　　张/10.25
字　　数/252 千字
版　　次/2019 年 11 月第 1 版
印　　次/2024 年 8 月第 5 次印刷
书　　号/ISBN 978-7-5684-1253-7
定　　价/28.00 元

如有印装质量问题请与本社营销部联系(电话:0511-84440882)

前　言

在当今信息社会中，熟练掌握计算机应用的基本技能已经成为现代从业人员的必备素质。在高等职业教育中，对学生计算机基础应用技能的培养着重于对计算机常用系统软件，尤其是常用办公软件的实际运用与拓展训练。本书面向高职院校计算机专业及非计算机专业在校学生的计算机信息技术实验实训教学需求，采用项目化任务导向设置实验训练内容，由简入难，逐步提高，帮助学生在练习中熟悉和掌握教学内容，达到加深理解和熟能生巧的目的。

本书的实验项目分为5个部分：

1. Windows 7系统操作与应用。介绍了Windows 7操作系统的安装，Windows 7系统的基本操作，控制面板的设置，同时介绍了字符录入的正确练习方法。

2. Word 2010电子文档排版。包含4个实训项目，通过对文字排版、图文混排、长文档编排和批量生成格式化文档等实训项目的练习，使学生掌握Word软件的基本操作技能。

3. Excel 2010电子表格制作。设置了客户资料表的制作、学生成绩统计、图书销售情况分析等训练任务，使学生能应用Excel软件进行表格制作、公式与函数计算、数据分析处理等基本数据加工和数据应用。还设置了食堂菜品的统计与查询应用项目作为学生拓展提高的内容，为有兴趣和有需求的学生演练高级函数功能提供应用实例。

4. PowerPoint 2010演示文稿制作。设立了演示文稿的文本编辑、动画效果设置、综合运用等项目，使学生能掌握和应用 PowerPoint 软件的基本功能来处理常用场景的工作任务。

5. 网页设计与制作。实验项目分为简单网页设计、图文网页设计及旅游网页制作等训练任务，帮助学生熟悉和掌握网页设计与制作的基本技能。

本书采用大量屏幕截图来说明操作步骤，简洁直观，便于理解和演练，便于学生的自学和自我训练，因此也适合普通读者作为计算机基础技能学习的参考读物。

本书由谭静、陶丽、谢亮担任主编，周凡、陈果担任副主编，由陶丽进行统稿。教材的编写过程中得到了四川城市职业学院计算机专业其他教师和学院相关部门领导的大力支持和帮助，在此表示感谢。

限于时间仓促，笔者水平有限，书中难免有疏漏与不当之处，敬请读者批评指正。

编　者

2019 年 10 月

目　录

项目一

Windows 7 系统操作与应用

实验一 Windows 7 系统安装

◎学会以光驱为引导安装 Windows 7 系统；
◎学会硬盘分区的创建设置；
◎完成 Windows 7 系统的安装。

实验任务 光驱引导安装 Windows 7 操作系统

将 Window 7 系统安装光盘放入计算机光驱，安装程序会自动启动。若没有自动启动，则依次单击【开始】和【计算机】，打开 DVD 驱动器中的 Windows 7 系统安装光盘，然后双击“setup. exe”文件。继续按说明操作即可完成 Windows 7 系统的安装。

光驱引导安装 Windows 7 系统的步骤如下：

Step 1 设置光驱引导。将安装光盘放入光驱，重新启动计算机，当屏幕上出现开机 Logo 时，按键盘上的【F12】键，可显示启动菜单，然后利用方向键【↑】或【↓】在启动菜单中选择光驱所在选项行“CD/DVD”（见图 1-1），再按回车键【Enter】即可启动计算机。

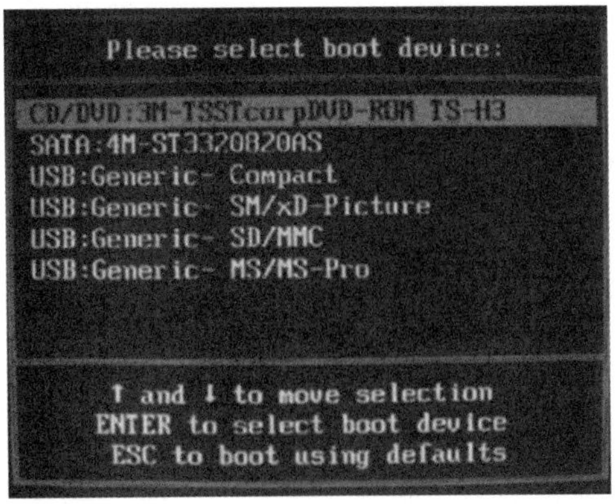

图 1-1

Step 2　按回车键后，屏幕上会出现“Press any key to boot from CD or DVD…”的字样，此时如果按键盘上的任意键，就可以继续引导安装（见图1-2）。

图1-2

Step 3　保持默认状态，在“要安装的语言”选项上选择“中文（简体）”，在“时间和货币格式”选项上选择“中文（简体，中国）”，在“键盘和输入方法”选项上选择“中文（简体）－美式键盘”，点击【下一步】（见图1-3）。

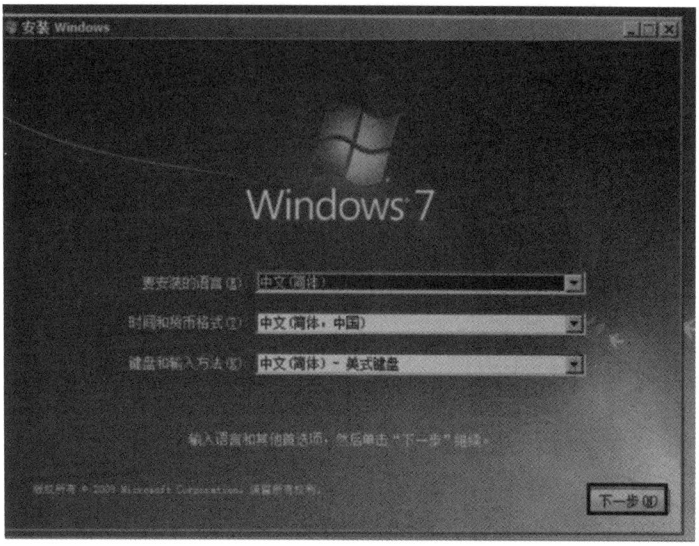

图 1-3

Step 4　版本选择。由于出厂随机系统版本的不同，版本选择界面可能略有不同，可直接点击【下一步】（见图 1-4）。

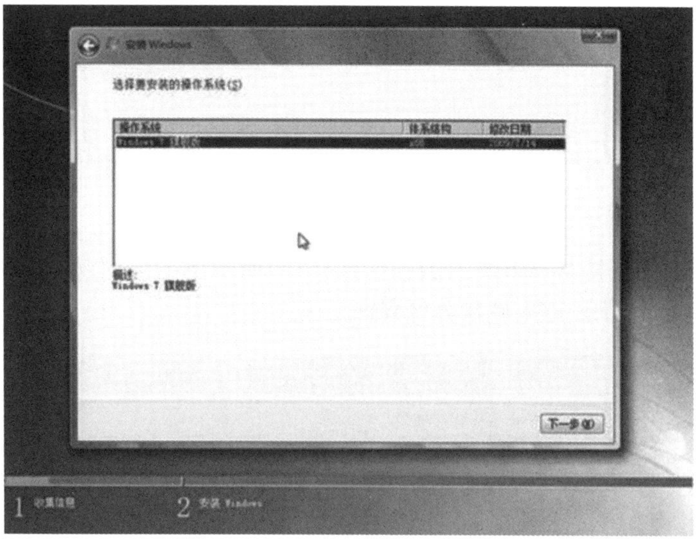

图 1-4

Step 5　同意许可条款，勾选“我接受许可条款（A）”后，点击【下一步】。在出现的“安装 Windows”对话框中的选择安装类型，勾选“自定义（高级）”选项（见图 1-5）。

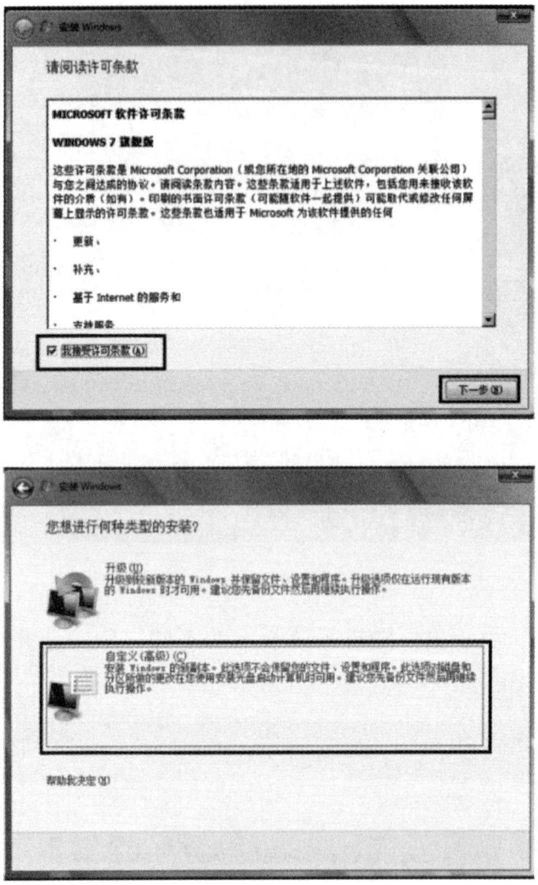

图 1-5

Step 6　在“您想将 Windows 安装在何处?”界面中单击【驱动器选项（高级)】(见图 1-6)，点击【下一步】进入硬盘分区界面。

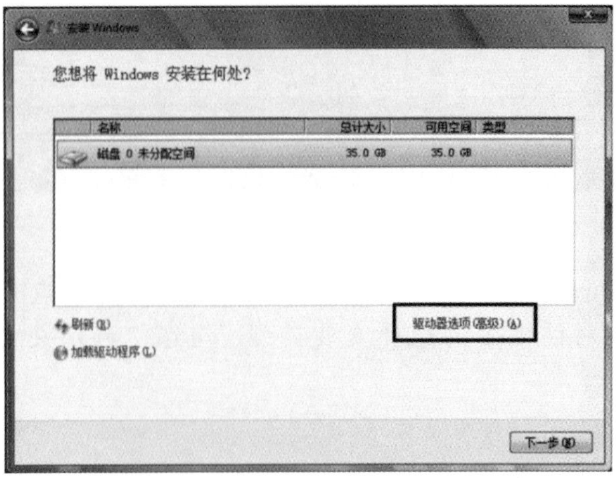

图 1-6

Step 7　硬盘的分区，即将硬盘空间分为在 Windows 资源管理器中看到的 C 盘、D 盘、E 盘等。一般将 Windows 操作系统安装在 C 盘。对于新配置电脑硬盘，如果没有为硬盘创建分区，可点击【新建（E)】（见图 1-7）。

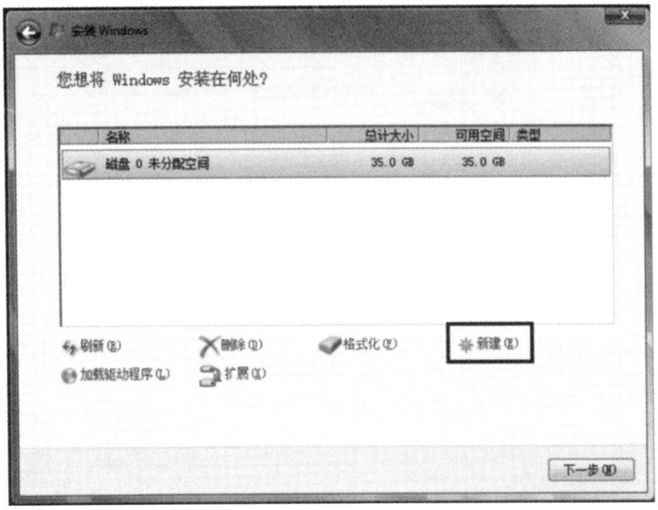

图 1-7

Step 8　在安装界面中的“大小”编辑框中输入所需的硬盘分区大小（安装 Windows 7 的硬盘分区最好大于 20000 MB)，设置完毕后选择【应用】，单击【下一步】（见图 1-8）。

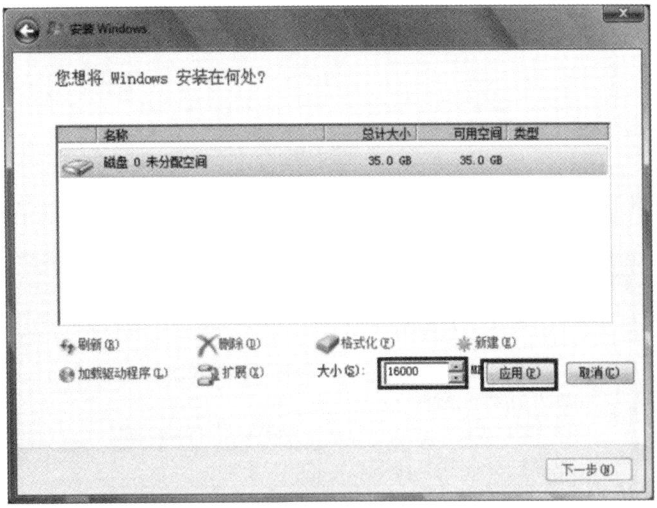

图 1-8

Step 9　如果是新配置电脑硬盘或删除原硬盘所有分区后重新创建全部分区，Windows 7 系统会自动生成一个 100 MB 的空间用来存放 Windows 7 的启动引导文件，在出现的提示界面上点击【确定】完成硬盘分区的创建。这时在界面上会看到创建好 C 盘后的磁盘状态，除了创建的 C 盘和一个未分配空间，还有一个 100 MB 的系统保留空间（见图 1-9）。

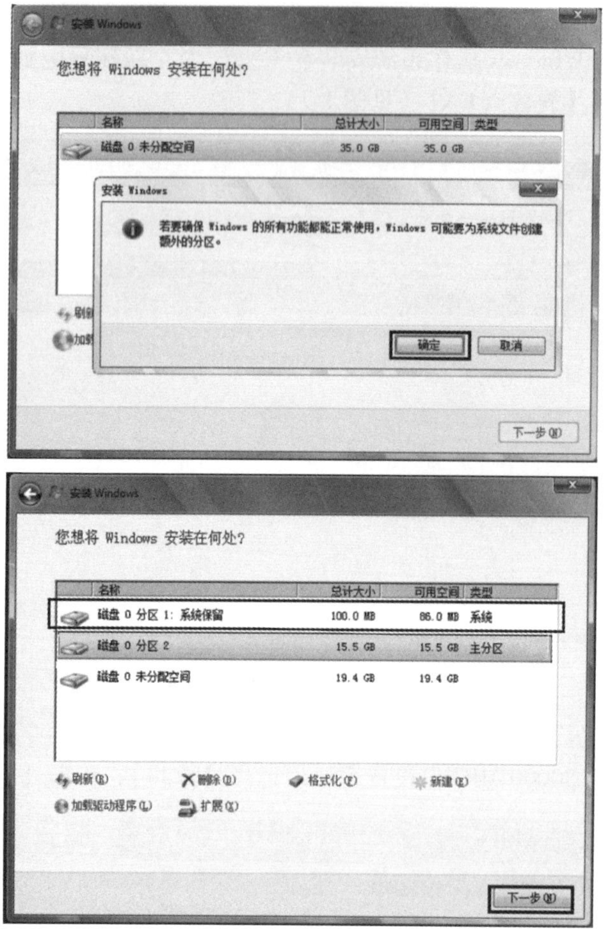

图 1-9

Step 10　按照上面创建硬盘分区的方法，将剩余硬盘分区创建完毕（见图 1-10）。

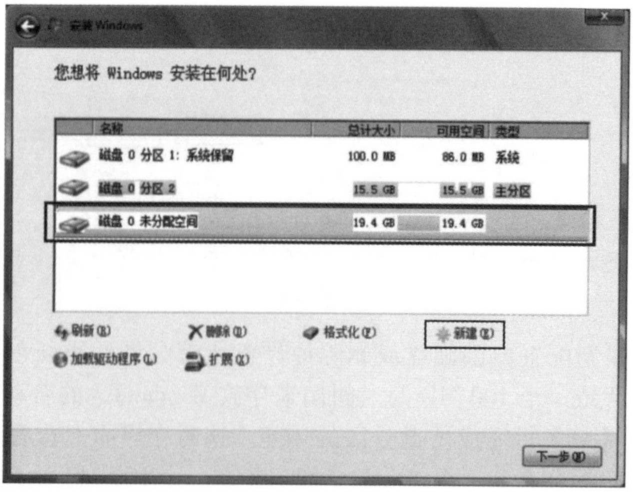

图 1-10

Step 11　选择用来安装 Windows 7 系统的分区，点击【下一步】，系统开始自动安装 Windows 7 系统，并出现“复制 Windows 文件”界面（见图 1-11）。

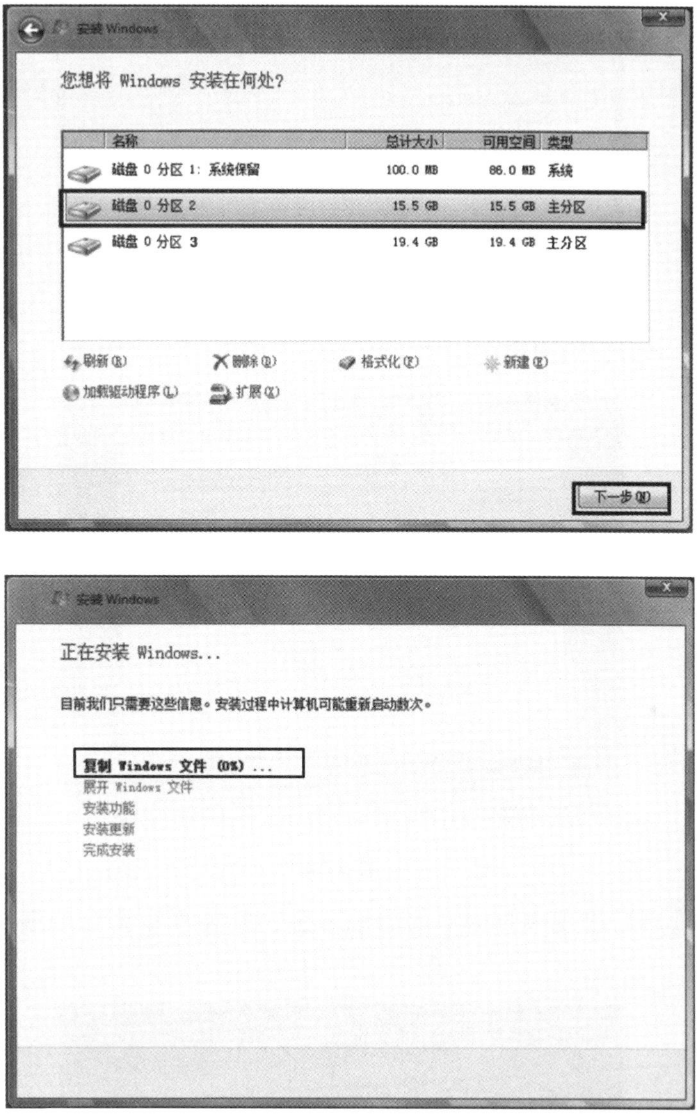

图 1-11

Step 12　前期系统安装需要持续 20 分钟左右（具体时间取决于计算机的运行速度），完成“安装更新”后，计算机会自动重启（见图 1-12）。

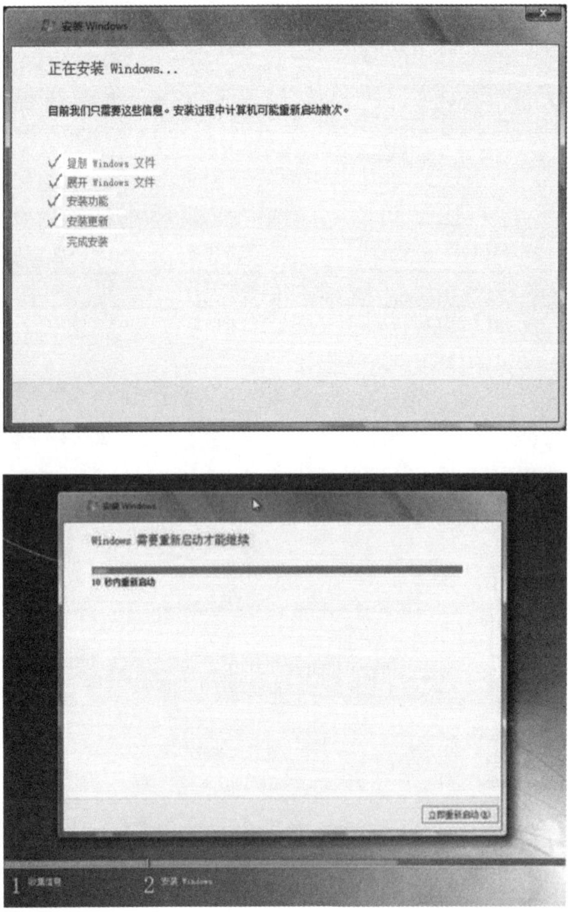

图 1-12

Step 13　重启后出现 Windows 的启动界面，安装程序会自动继续进行安装（见图 1-13）。

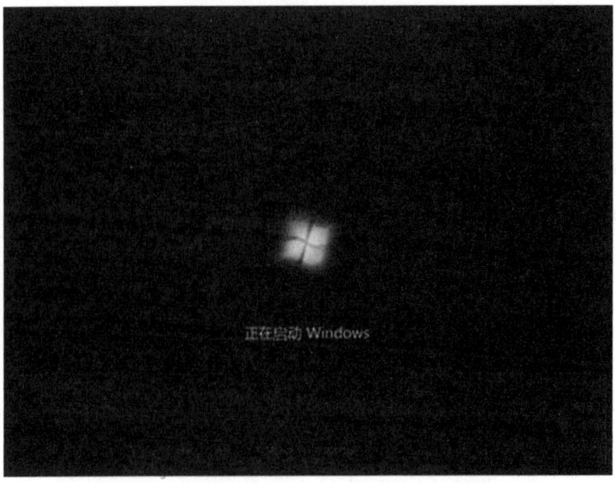

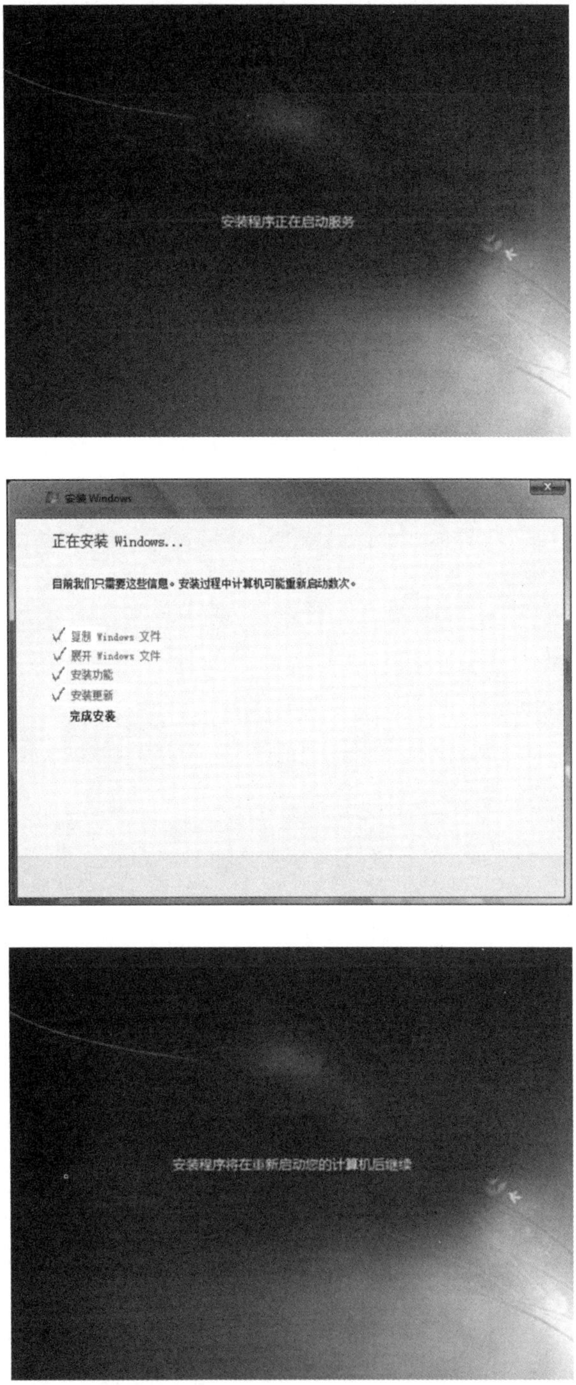

图 1-13

Step 14　此时，安装程序会再次重启并对主机进行检测，这些操作过程完全自动运行（见图 1-14）。

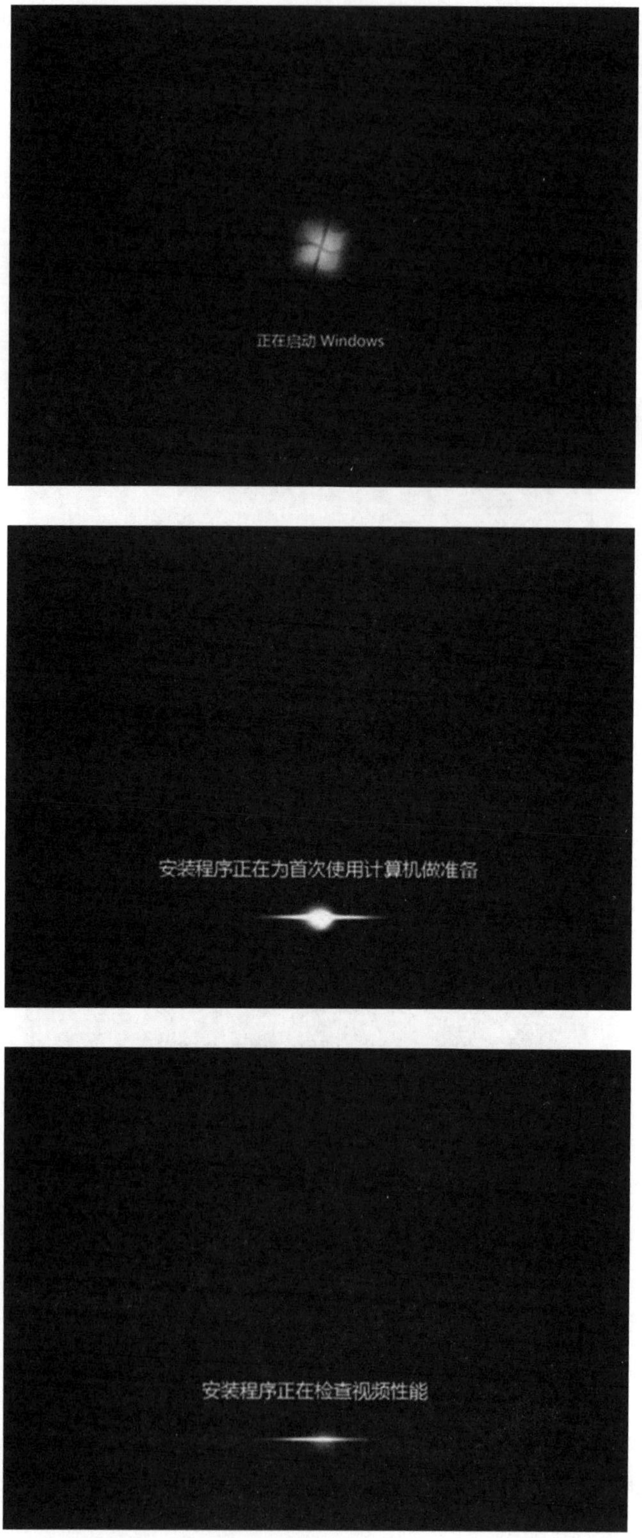

图 1-14

Step 15　完成检测后，系统进入用户名设置界面，输入一个用户名（见图 1-15）。

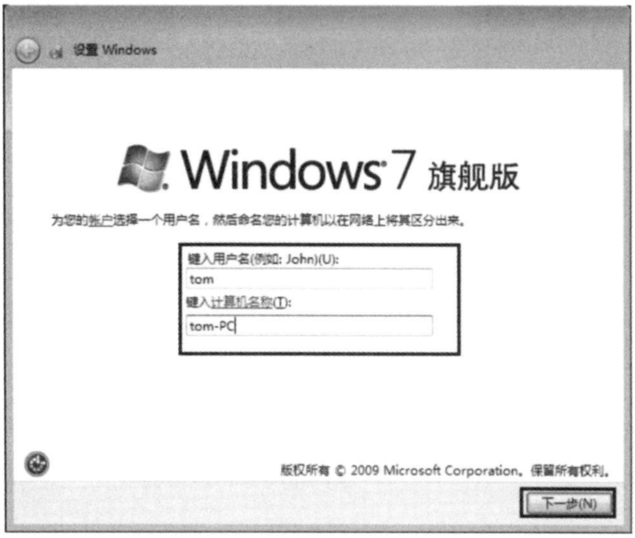

图 1-15

Step 16　设置密码。需要注意的是，如果设置密码，那么密码提示也必须设置。如果觉得麻烦，也可以不设置密码，直接点击【下一步】，进入系统后再到控制面板的用户帐户中设置密码（见图 1-16）。

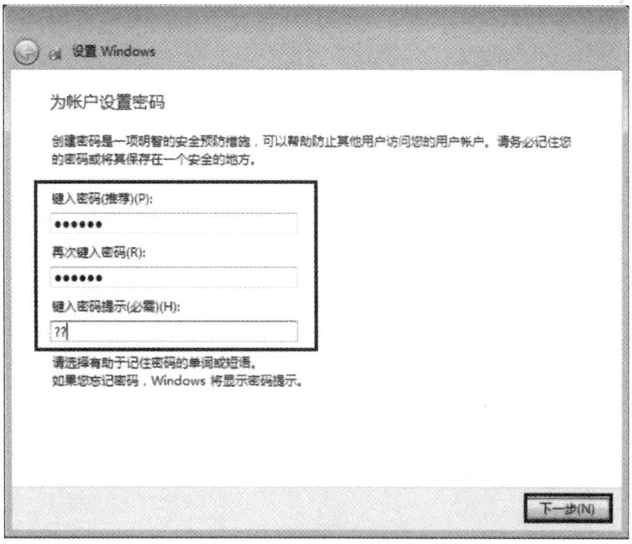

图 1-16

Step 17　设置时间和日期后点击【下一步】（见图 1-17）。

图 1-17

Step 18　此时，Windows 7 系统完成设置，并再次启动（见图 1-18）。

图 1-18

Step 19　如果在密码设置界面设置了密码，此时会弹出登录界面，输入刚才设置的密码后点击【→】即进入 Windows 7 的桌面环境（见图 1-19）。

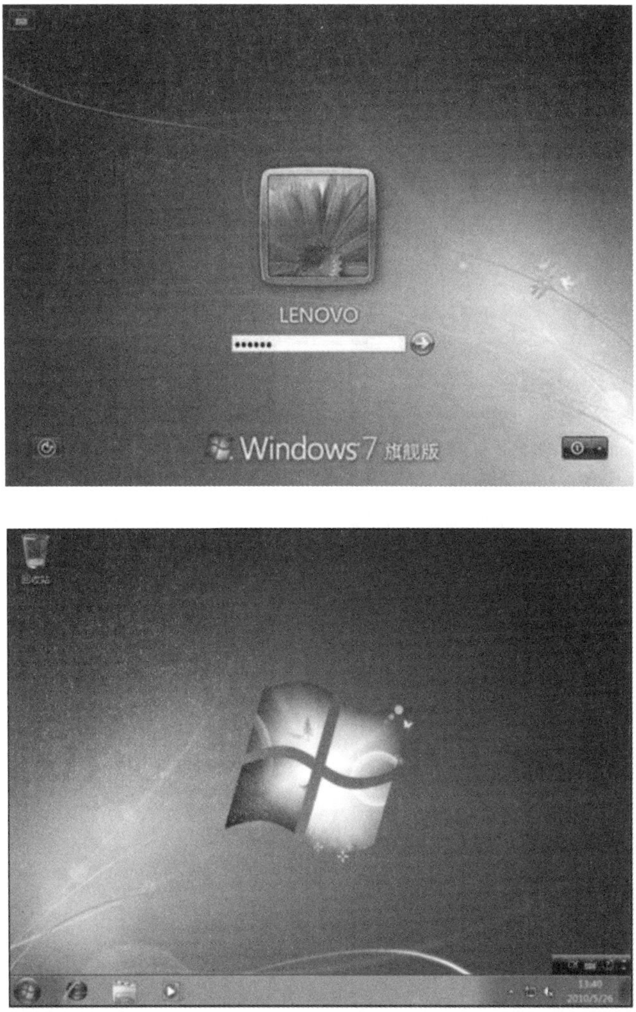

图 1-19

实验二　Windows 7 系统的基本操作

◎掌握 Windows 7 的窗口、菜单栏、工具栏及任务栏的基本操作方法；
◎掌握 Windows 7 常用快捷键的使用方法；
◎掌握应用程序的多种启动方法，以及切换和退出应用程序的方法；
◎掌握 Windows 7 的帮助的使用方法。

实验任务一　Windows 7 系统的认知操作

Step 1　认识桌面。启动计算机电源，进入 Windows 7 系统，查看当前桌面内容，注意观察图标的类型和样式。

Step 2　鼠标操作。在桌面上选择一个图标，用鼠标分别单击、双击、点击右键，并且拖动图标，注意观察变化。

Step 3　开始菜单。单击桌面左下角带有 Windows 圆形 Logo 图案的按钮【开始】→【所有程序】，查看本机安装的软件，例如，查找 Microsoft Office 文件夹（见图 1-20）。

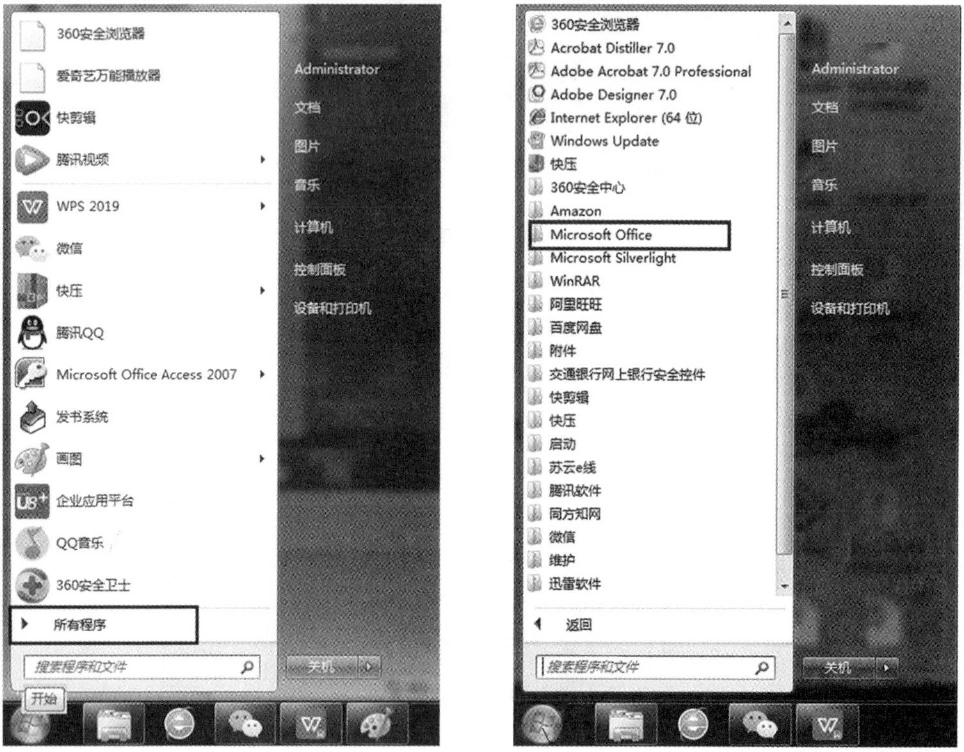

图 1-20

Step 4　操作 Windows 窗口。

① 窗口的打开与关闭：以 Microsoft Office Word 2010 程序为例，试用多种方法打开和关闭该程序窗口。

② 窗口尺寸调整：打开【计算机】窗口，利用右上角标题栏上按钮，分别将窗口最大化、最小化、还原，观察窗口的变化。

③ 调整窗口的位置：打开【计算机】窗口，将鼠标指针指向窗口顶部标题栏，按住左键拖动鼠标至适当位置松手，可改变窗口在桌面的位置。

④ 窗口的排列：打开【计算机】【回收站】等多个窗口，然后鼠标右键单击桌面底部的任务栏空白区域，在快捷菜单中分别选择【层叠窗口】【堆叠显示窗口】【并排显示窗口】

【显示桌面】选项（见图 1-21），观察桌面窗口的排列变化。

图 1-21

Step 5　操作任务栏。

① 任务栏属性设置：在任务栏空白区域右击鼠标，在弹出的的快捷菜单中选择【属性】,在弹出的对话框中单击【任务栏】标签，观察都有哪些选项，分别选择或取消各个复选框，单击【应用】按钮，观察任务栏的变化，了解各选项的作用。

② 任务栏位置调整：在任务栏未锁定的情况下，鼠标指针指向任务栏空白区域，按住鼠标左键拖放，可将任务栏放置屏幕上、下、左、右边界位置。

③ 任务栏尺寸调整：将鼠标指针指向任务栏的边界，当鼠标指针变为上下箭头⇳时，上下拖动鼠标可调整任务栏的尺寸。

实验任务二　文件和文件夹操作

Step 1　新建文件夹。在桌面的空白处单击鼠标右键，在弹出的快捷菜单中选择【新建】→【文件夹】（见图 1-22），将此文件夹命名为“作业”，点击回车键确定。

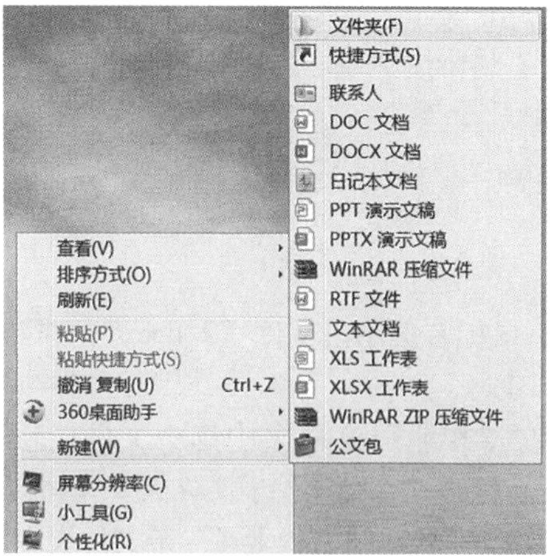

图 1-22

Step 2　打开“作业”文件夹，在窗口空白区域单击鼠标右键，在快捷菜单中选择【新建】→【文件夹】，命名为“作业 1”；用同样方法再创建一个文件夹为“作业 2”（见

图 1-23）。

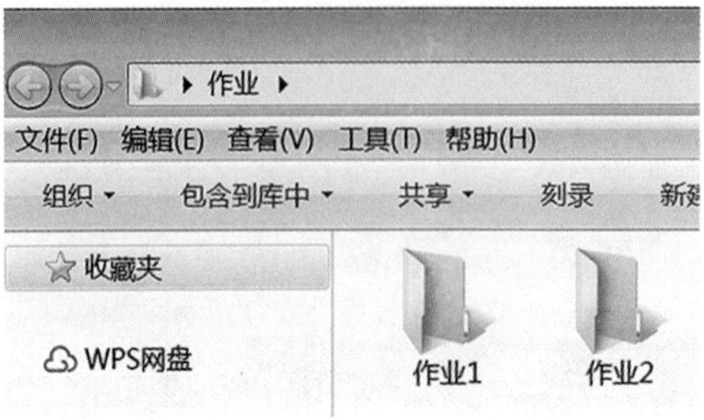

图 1-23

Step 3　创建文件。打开“作业”文件夹，在窗口的空白处单击鼠标右键，在快捷菜单中选择【新建】→【文本文档】，命名为“1. txt”（见图 1-24）。

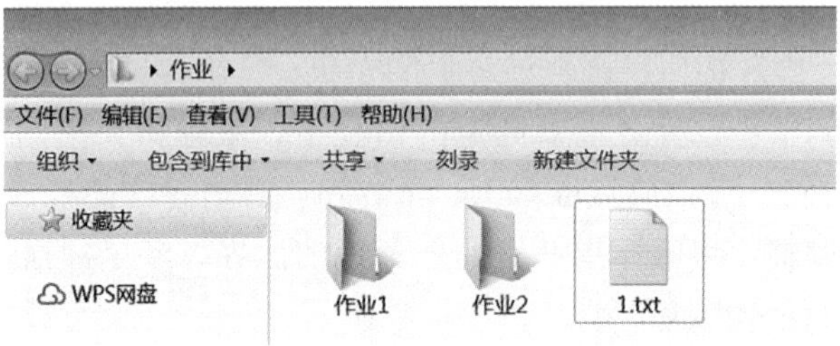

图 1-24

Step 4　在窗口的空白处单击鼠标右键，在快捷菜单中选择【新建】→【Microsoft Word 文档】，命名为“2. docx”（见图 1-25）。

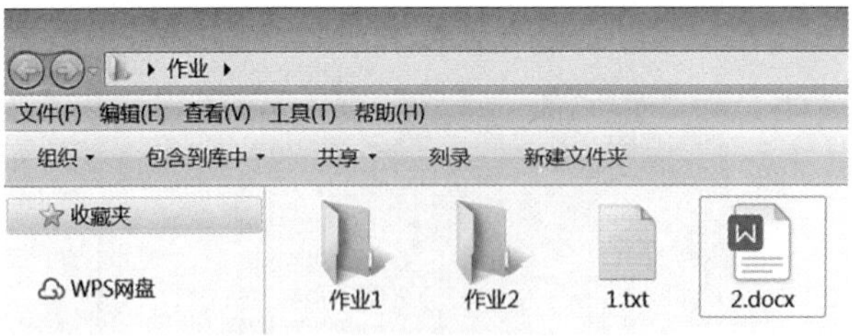

图 1-25

Step 5　文件重命名。鼠标右键单击文件“2. docx”，选择快捷菜单的【重命名】，将文件重命名为“我的作业 . docx”。

Step 6　复制文件。在“作业”文件夹中选中文件“1. txt”，单击鼠标右键，选择【复制】命令（见图 1-26）。打开“作业 1”子文件夹，在窗口空白处右击，选择【粘贴】命令，这样即可把文件“1. txt”复制到“作业 1”子文件夹中。

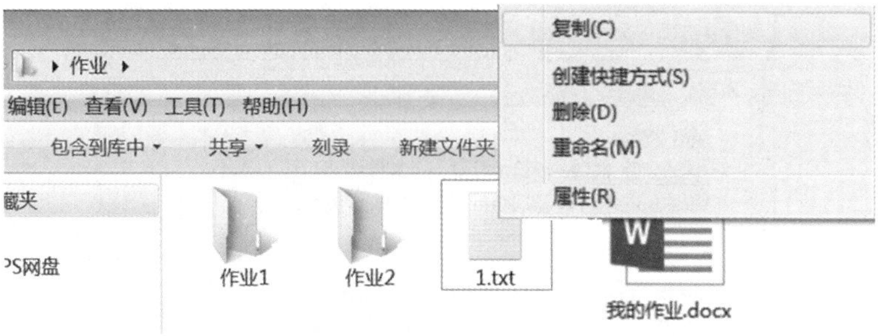

图 1-26

Step 7　移动文件。在“作业”文件夹中选择“1. txt”，单击鼠标右键，在快捷菜单中选择【剪切】命令，打开“作业 2”子文件夹，在窗口空白处右击，选择【粘贴】命令，这样即可把文件“1. txt”移动到“作业 2”子文件夹中（见图 1-27）。

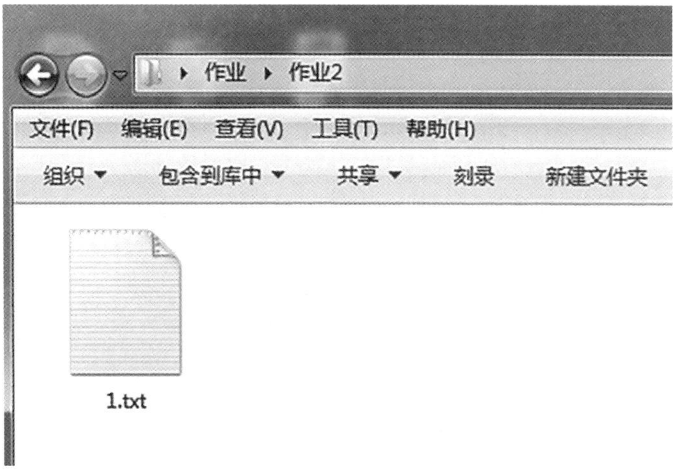

图 1-27

Step 8　删除文件。在“作业 1”文件夹中选择“1. txt”，单击鼠标右键，选择【删除】命令即可删除此文件。

Step 9　设置属性。用鼠标右键单击“作业”文件夹中的“我的作业 . docx”，在快捷菜单中选择【属性】命令，在弹出的“属性”对话框中，分别选中【只读】【隐藏】复选框，单击【确定】，注意观察此时文件颜色的变化。

Step 10　设置隐藏文件的查看方式。打开“作业”文件夹，选择窗口菜单【工具】→【文件夹选项（O）…】，弹出“文件夹选项”对话框（见图 1-28）。选择【查看】标签，在“高级设置”列表框中点选【隐藏文件和文件夹】→【不显示隐藏的文件、文件夹和驱动器】（见图 1-29），单击【确定】按钮后，注意观察“我的作业 . docx”文件已经变为不可见状态。

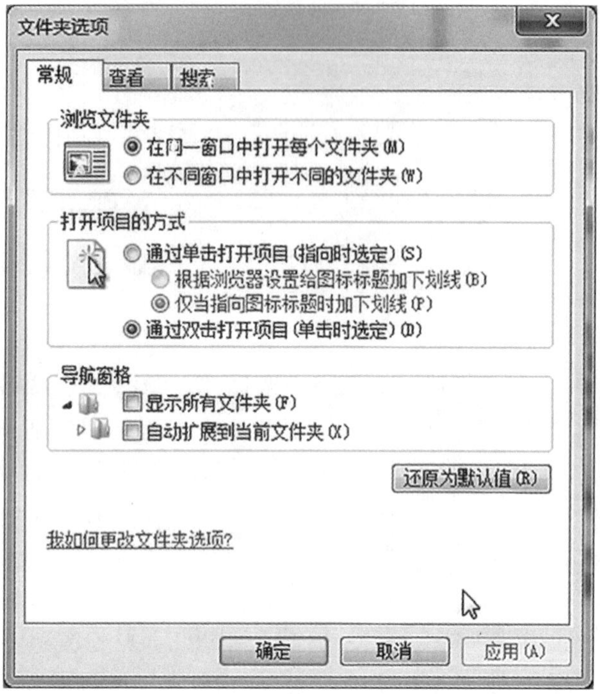

图 1-28

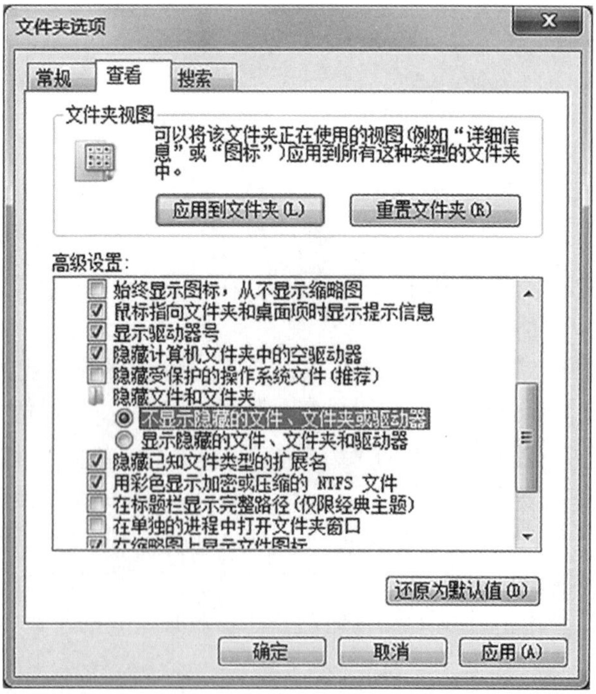

图 1-29

重新选择【显示隐藏的文件、文件夹和驱动器】选项，则“我的文件 . docx”文件又重新显示出来。注意观察具有隐藏属性文件的图标特征。

Step 11　文件图标的排列显示方式设置。打开“计算机”窗口，单击【查看】菜单（见图 1-30），分别选择【超大图标】【大图标】【中等图标】【小图标】【列表】【详细信息】【平铺】【内容】等选项，注意观察窗口中图标的变化。

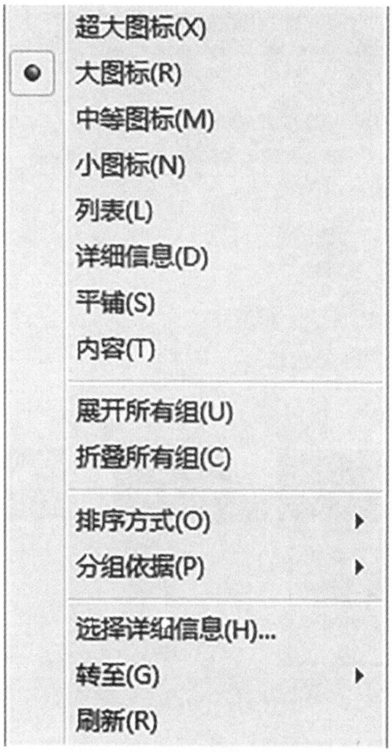

图 1-30

实验三　Windows 7 控制面板的设置

◎掌握桌面显示属性的更改方法；
◎掌握查看本机安装的字体的方法；
◎了解鼠标、键盘属性的设置方法；
◎掌握输入法属性的更改方法。

实验任务一　调整桌面的外观

Step 1　设置桌面背景。

在桌面空白处单击鼠标右键，在快捷菜单中选择【个性化】命令，重新设置桌面的背景。

① 在“个性化”窗口中单击“桌面背景”链接（见图 1-31）；

② 在“图片位置”下拉列表中指定图片的位置或者通过【浏览】按钮选择图片所在的文件夹（见图 1-32）；

③ 选择作为桌面背景的图片；

④ 设置其他参数。

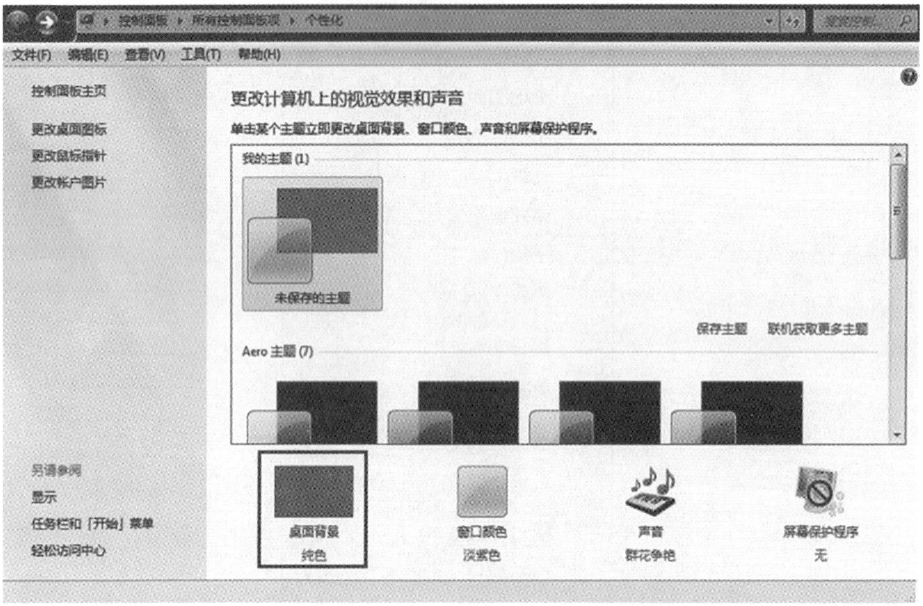

图 1-31

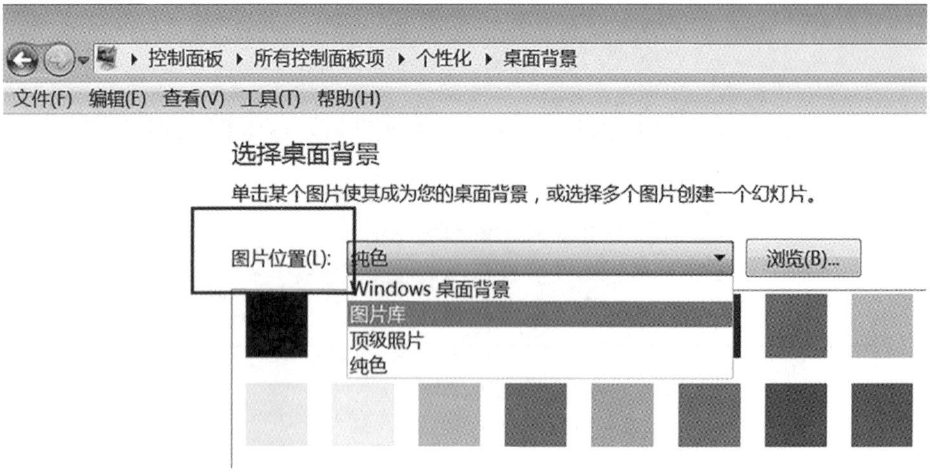

图 1-32

Step 2　更换屏幕保护。

① 在“个性化”窗口中单击“屏幕保护程序”链接；

② 在“屏幕保护程序设置”窗口（见图 1-33）选择图片、设置放映方式、等待时间等；

③ 设置完成后单击【确定】按钮。

图 1-33

Step 3　更改显示器分辨率。

① 在桌面空白处右击鼠标后在“快捷菜单”中选择【屏幕分辨率】命令；

② 更改显示器的分辨率设置（见图 1-34），单击【确定】【保留更改】按钮完成设置。

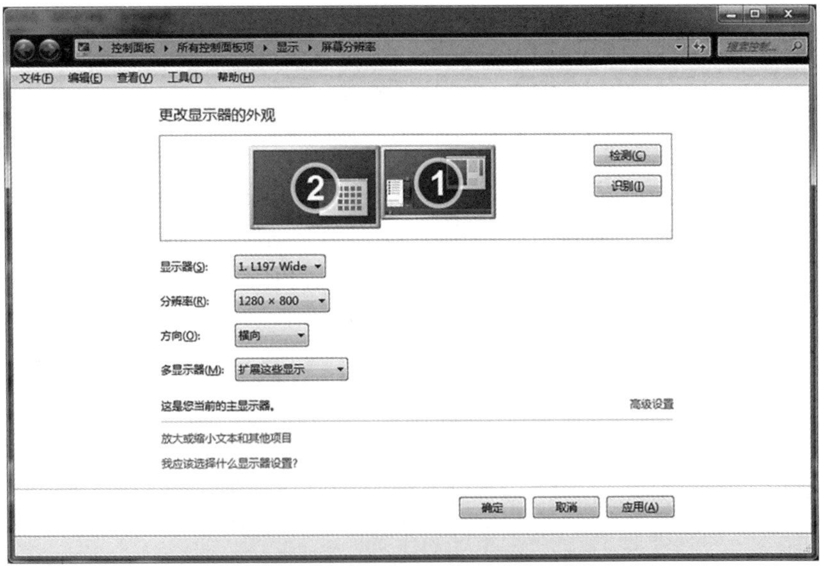

图 1-34

实验任务二　控制面板的设置

Step 1　查看安装的字体。单击桌面左下角的【开始】按钮，打开【控制面板】，在控制面板中打开【字体】文件夹，以【详细信息】方式查看本机已安装的字体文件排列情况（见图 1-35），打开文件名为“宋体”的文件，然后将其关闭。

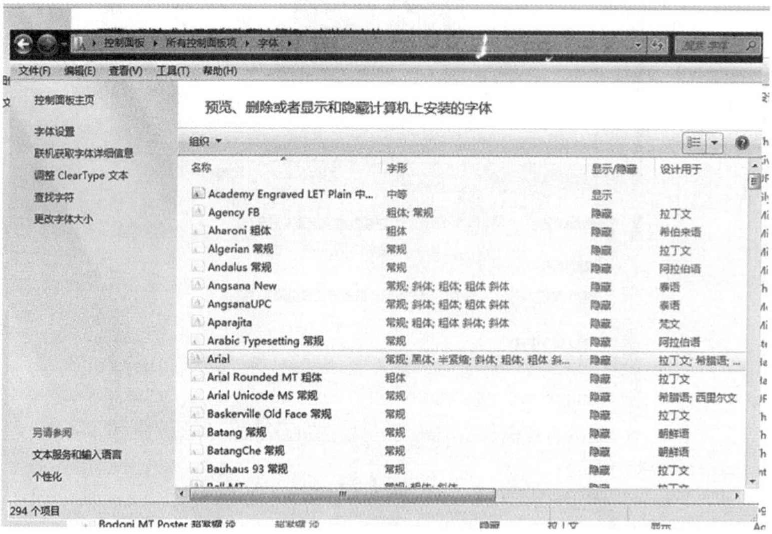

图 1-35

Step 2　设置鼠标属性。在控制面板中选择【鼠标】，打开“鼠标属性”窗口（见图 1-36），并按自己的习惯选择【左手】或【右手】为主要按钮，调整鼠标双击速度；在“指针选项”中适当调整指针速度，并按自己的喜好选择是否显示指针的轨迹，然后观察实际效果；最后恢复初始设置。

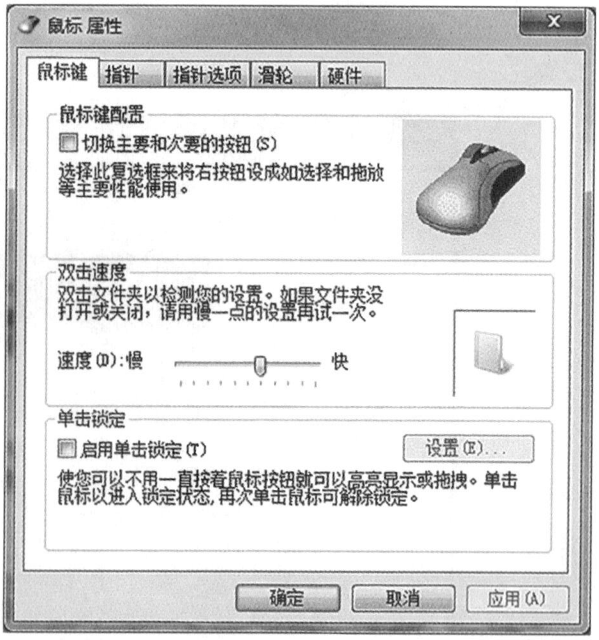

图 1-36

Step 3　设置键盘属性。在控制面板中打开“键盘”属性窗口，根据自己的喜好调整按键速度（见图 1-37），观察调整前后的鼠标操作变化，最后恢复初始设置。

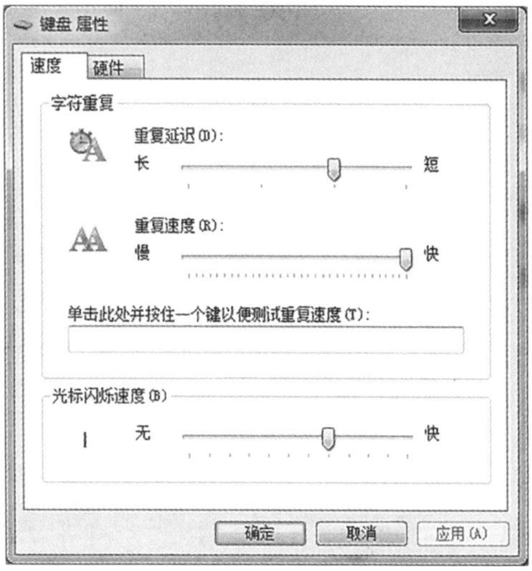

图 1-37

Step 4　设置输入法。在控制面板中打开“区域和语言”属性窗口，单击【键盘和语言】→【更改键盘】，弹出“文本服务和输入语言”对话窗口，在“高级键设置”框中可以将切换输入语言的快捷（热）键设置为“左 Alt + shift”（见图 1-38）。在“常规”对话框中选择“智能 ABC 输入法”点击【属性】，将风格设置为“光标跟随”，功能设置为“词频调整”和“笔形输入”，然后用“智能 ABC 输入法”输入一行汉字，在任务栏上隐藏输入法指示器，然后再将其恢复。

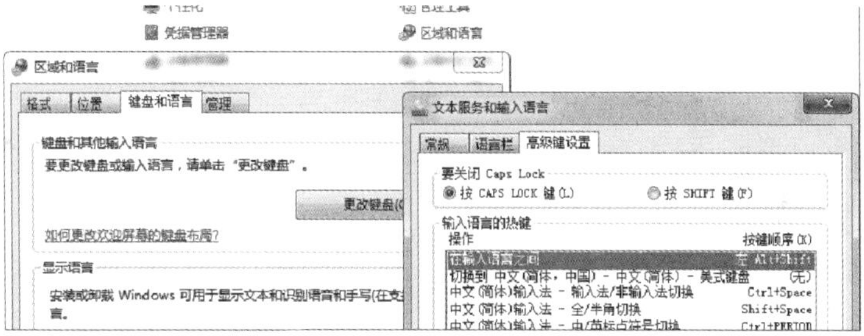

图 1-38

实验四　字符录入技法

◎熟悉键盘和键盘的使用方法；

◎掌握中英文字符录入的基本指法；

◎利用键盘辅助教学软件进行指法练习。

实验任务　认识键盘与录入指法训练

Step 1　一个全键盘分为 5 个部分。上面 2 个区域是功能键区和状态指示区；下面 3 个区域是主键盘区、编辑键区和辅助键区（见图 1-39）。其中，Ctrl 键、Alt 键和 Shift 键往往又与别的键结合使用，用以完成特定的功能，如我们最常用的热启动就是将 Ctrl + Alt + Del 三键同时按下。

图 1-39

Step 2　找出基本键位置。主键盘区是平时最为常用的键区，通过它可实现各种字符和控制信息的录入。主键盘区的正中央有 8 个基本键，即左边的 A 、 S 、 D 、 F 键，右边的 J 、 K 、 L 、 ; 键，其中的 F 、 J 两个键上都有一个凸起的小棱杠，以便于盲打时手指能通过触觉定位。

Step 3　熟悉基本键指法。开始录入前，左手小指、无名指、中指和食指应分别虚放在 A 、 S 、 D 、 F 键上，右手的食指、中指、无名指和小指应分别虚放在 J 、 K 、 L 、 ; 键上，两个大拇指则虚放在空格键上（见图 1-40）。基本键是录入字符时手指所处的基准位置，击打其他任何键时，手指都是从基本键位置出发，而且击键后须立即退回到基本键位。

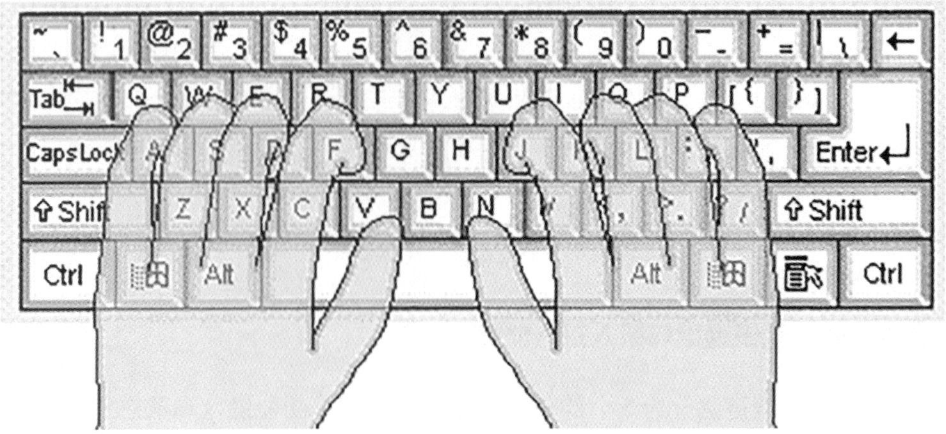

图 1-40

Step 4　其他键的手指分工。掌握了基本键及其指法，就可以进一步掌握主键盘区的其他键位手指分工了（见图 1-41）。左手食指负责4、5、R、T、F、G、V、B共8 个键，中指负责3、E、D、C共 4 个键，无名指负责2、W、S、X键，小指负责1、Q、A、Z键及其左边的所有键位。右左手食指负责6、7、Y、U、H、J、N、M共 8 个键，中指负责8、I、K、,4 个键，无名指负责9、O、L、。4 个键，小指负责0、P、;、/键及其右边的所有键位。这样划分后，整个键盘的手指分工一清二楚，击打任何键，只需把手指从基本键位移到相应的键上，正确输入后，再返回基本键位即可。

图 1-41

Step 5　编辑键区，顾名思义，该键区的键是起编辑控制作用的，诸如文字的插入、删除、上下左右移动、翻页等（见图 1-42）。

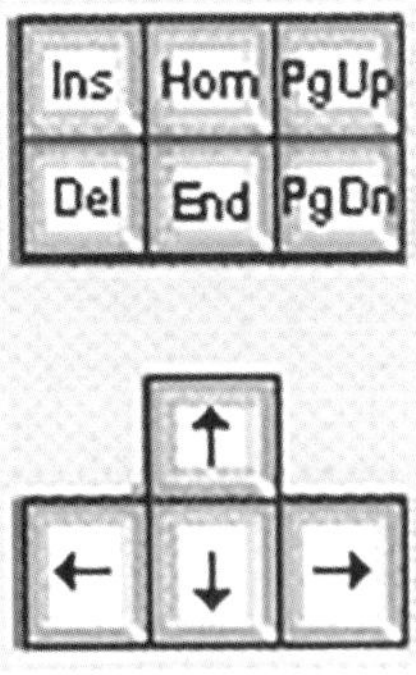

图 1-42

Step 6　一般键盘上的功能键区都有Esc、F1 ~ F12共 13 个功能键，有的键盘可能有 14 个，它们最大的特点是按键对应一定的功能，如F1往往被设置成所运行程序的帮助键。现在有些电脑厂商为了进一步方便用户，还设置了一些特定的功能键，如单键上网、收发电子邮件、光驱播放等（见图 1-43）。

图 1-43

Step 7 辅助键区也称为小键盘区，其作用主要是为了方便集中输入数据，因为主键盘区的数字键一字排开，大量输入数据很不方便，而小键盘区数字键集中放置，可以很好地解决这个问题。

Step 8 字符录入训练。提高输入速度的途径之一就是进行盲打，也就是击键时眼睛不看键盘而只看屏幕。在盲打中，注意对每个手指所负责的键位是有严格规定的。从正中将键盘分成两部分，形成左右手指的管辖范围，左侧由左手控制，右侧由右手控制，每一个手指都有它的击键范围，要将键位准确落实到每一手指。

项目二

Word 2010 文档编排

实验一　制作招聘启事

◎熟悉 Word 2010 的工作界面，练习在 Word 文档中输入文本；
◎掌握字体格式化和段落设置的方法；
◎掌握在文档中设置项目符号和编号的方法。

实验任务

Step 1　打开和熟悉 Word 2010 的工作界面。

选择【开始】→【所有程序】→【Microsoft Office】→【Microsoft Word 2010】选项，或者双击桌面上的 Word 2010 快捷方式图标，都可以启动 Word 2010。Word 2010 的工作界面由标题栏、快速访问工具栏、功能区、标尺栏、文档编辑区、状态栏等组成（见图 2-1）。

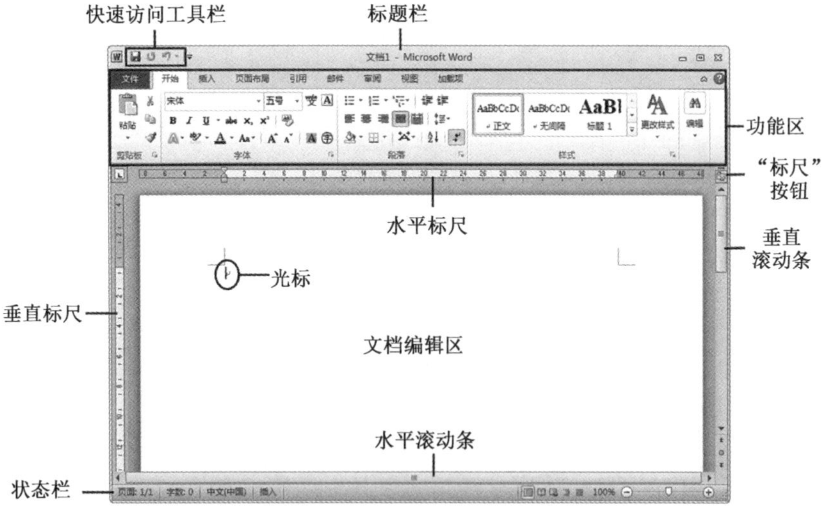

图 2-1

Step 2　新建一个文件名为“招聘启事”的文档，并输入招聘简章的文本内容（见图 2-2）。

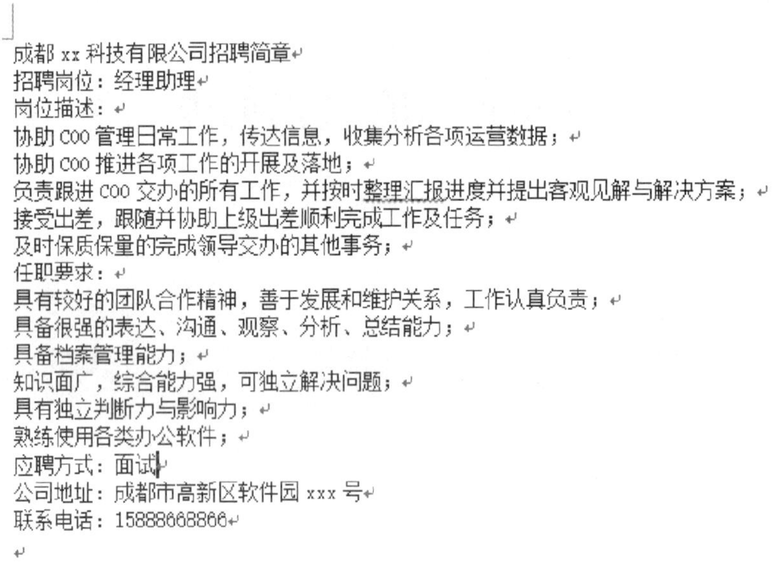
成都 xx 科技有限公司招聘简章
招聘岗位：经理助理
岗位描述：
协助 coo 管理日常工作，传达信息，收集分析各项运营数据；
协助 coo 推进各项工作的开展及落地；
负责跟进 coo 交办的所有工作，并按时整理汇报进度并提出客观见解与解决方案；
接受出差，跟随并协助上级出差顺利完成工作及任务；
及时保质保量的完成领导交办的其他事务；
任职要求：
具有较好的团队合作精神，善于发展和维护关系，工作认真负责；
具备很强的表达、沟通、观察、分析、总结能力；
具备档案管理能力；
知识面广，综合能力强，可独立解决问题；
具有独立判断力与影响力；
熟练使用各类办公软件；
应聘方式：面试
公司地址：成都市高新区软件园 xxx 号
联系电话：15888668866

图 2-2

Step 3　在功能区选择【页面布局】→【页边距】→【自定义边距（A）…】（见图 2-3），在弹出的“页面设置”对话框中进行页面设置：上页边距为 3.7 厘米，下页边距为 2.5 厘米，左页边距为 2.8 厘米，右页边距为 2.6 厘米（见图 2-4）。

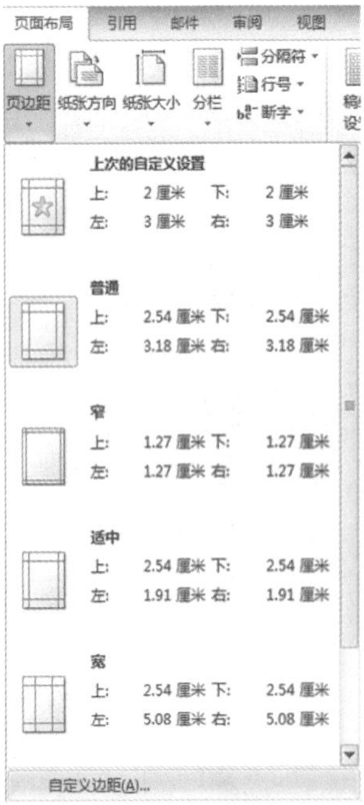

图 2-3

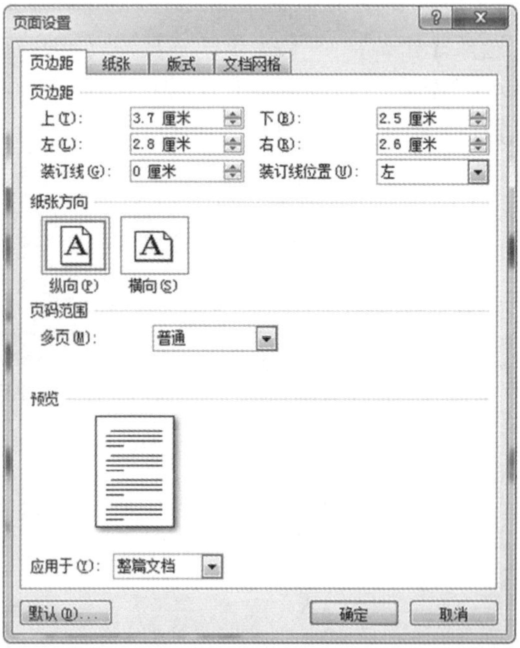

图 2-4

Step 4 设置标题格式。按住鼠标左键拖动选取文本的首行标题“成都 xx 科技有限公司招聘简章”，设置字体为【华文楷体】（见图 2-5），字号为【二号】（见图 2-6），字体颜色为【深红】（见图 2-7）。

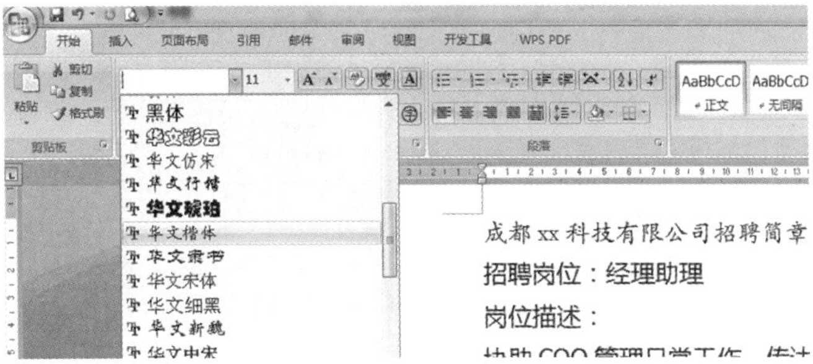

图 2-5

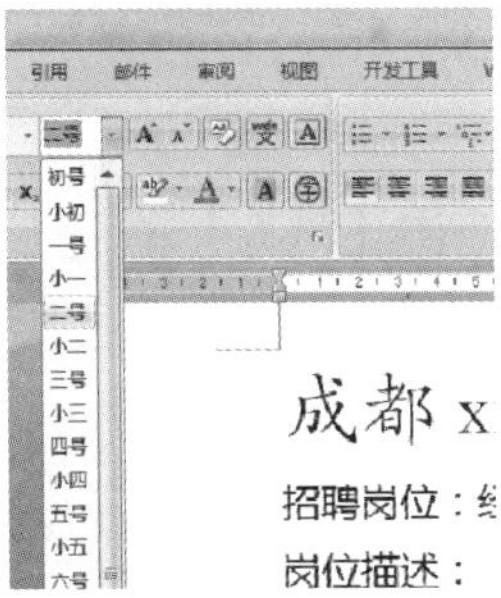

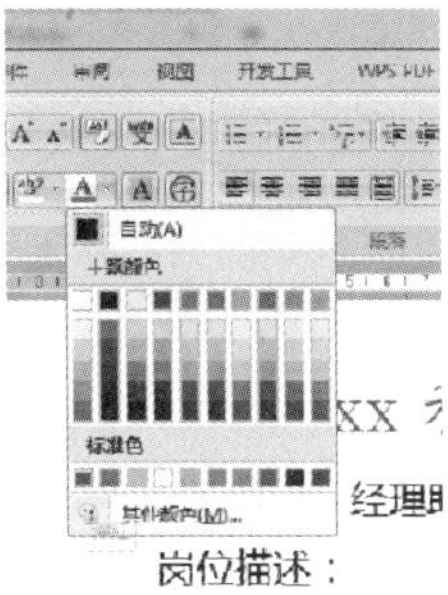

图 2-6　　图 2-7

然后在【开始】选项卡的【段落】组中单击【居中】按钮（见图 2-8），使标题文本居中（见图 2-9）。

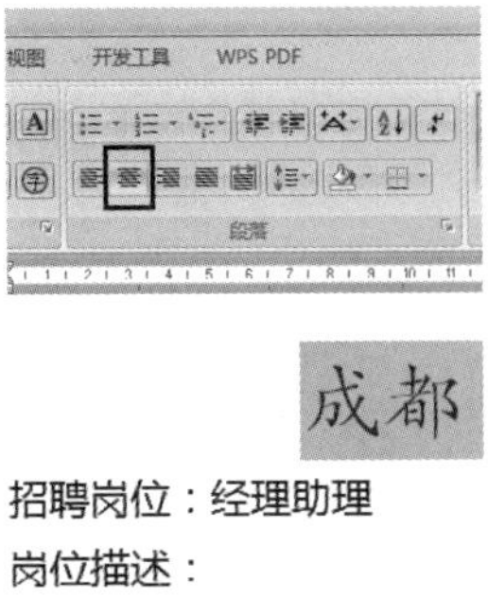

图 2-8

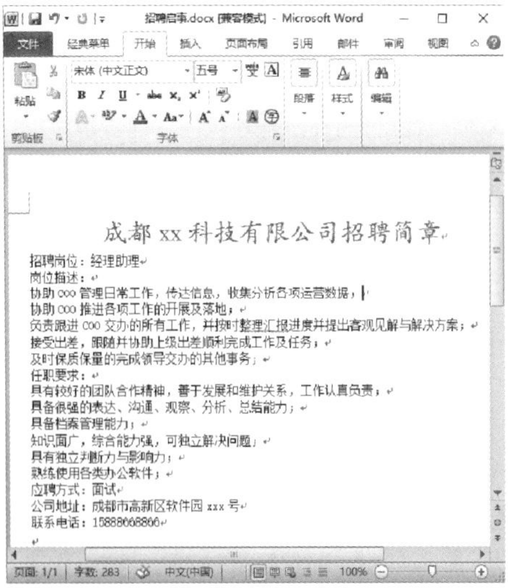

图 2-9

Step 5　绘制直线。绘制一条长 15 厘米，粗细为 1.5 磅的红色直线，选中【插入】→【插图 | 形状】→【直线】（见图 2-10），在画线位置按住鼠标左键出现十字光标，拖动鼠标至所需位置后再松开鼠标左键即可绘制直线（见图 2-11）。

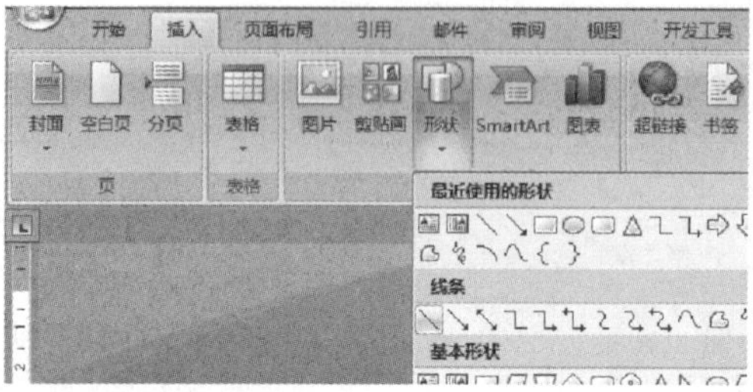

图 2-10

图 2-11

鼠标单击绘制的直线，出现【绘图工具】栏，选择【格式】→【形状轮廓】，设置直线颜色为深红色，粗细为 1.5 磅（见图 2-12）。继续选择【格式】→【排列】→【对齐】，设置直线“左右居中”（见图 2-13）。

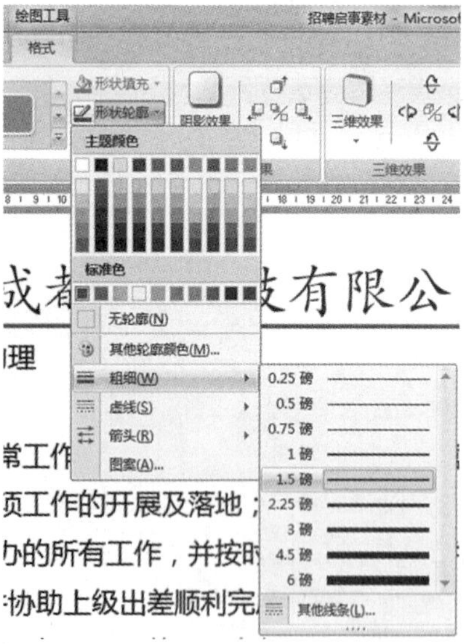

图 2-12

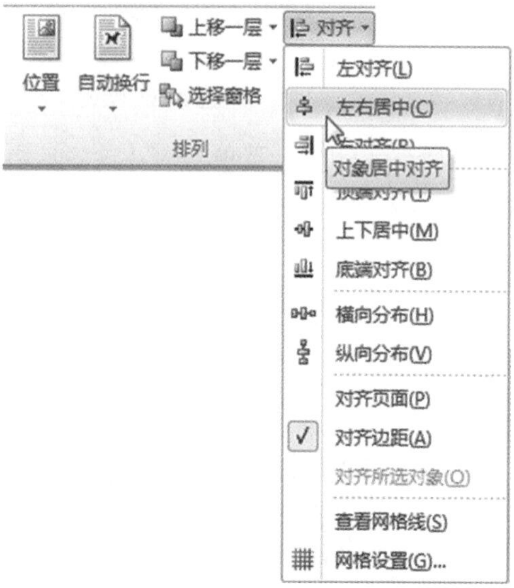

图 2-13

Step 6　鼠标拖选其他所有正文文本，将其字号设置为小四。保持选中所有文本，在【开始】选项卡的【段落】组中单击对话框启动器，打开“段落”对话框。打开【缩进和间距】选项卡，在【行距】下拉列表框中选择【固定值】选项，【设置值】框中输入“20 磅”（见图 2-14）。

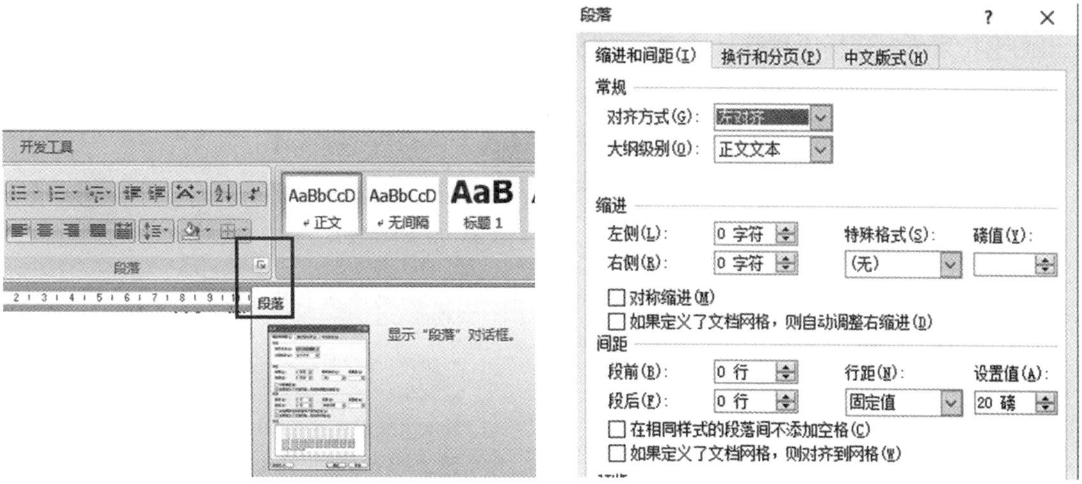

图 2-14

Step 7 单击【确定】按钮，即可完成正文段落行间距的设置（见图 2-15）。

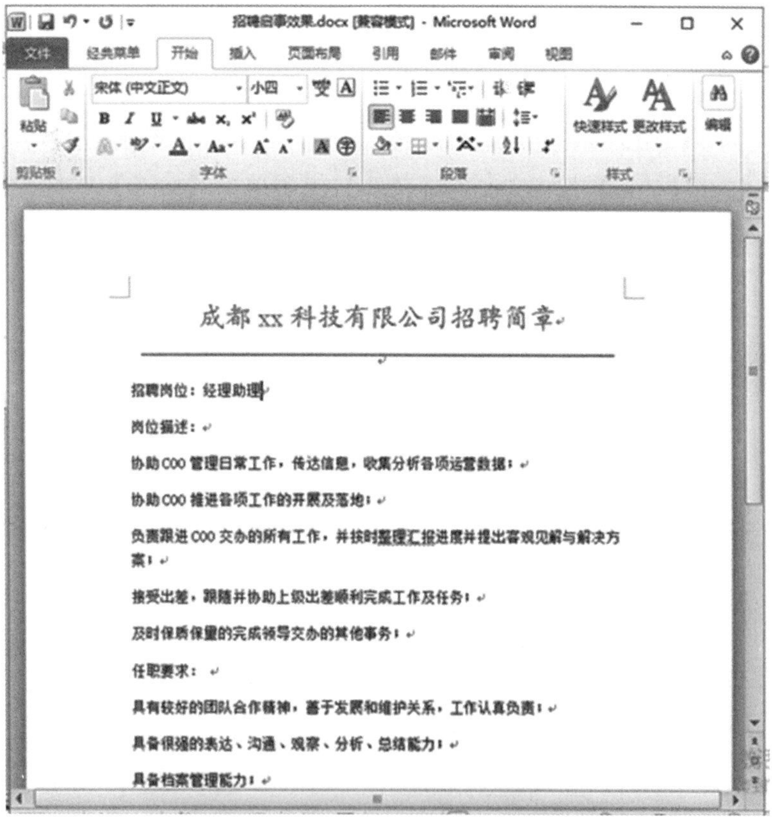

图 2-15

Step 8　打开【开始】选项卡，在【段落】组中单击【项目符号】下拉按钮，从弹出的下拉菜单中选择项目符号“●”（见图2-16），屏幕显示为文字排版后的效果（见图2-17）。

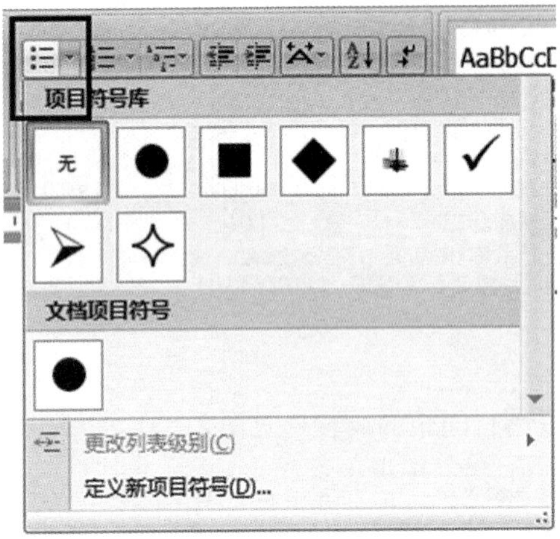

图 2-16

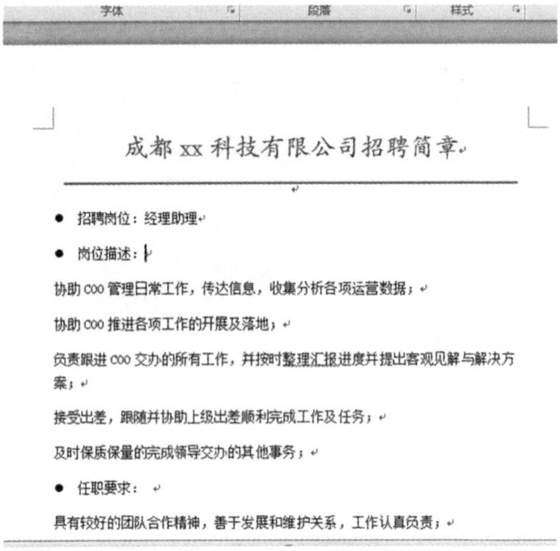

图 2-17

Step 9　打开【开始】选项卡，在【段落】组中单击【编号】下拉按钮，从弹出的下拉菜单中选择合适的编号样式（见图2-18），屏幕显示最后的文档效果（见图2-19）。

图 2-18

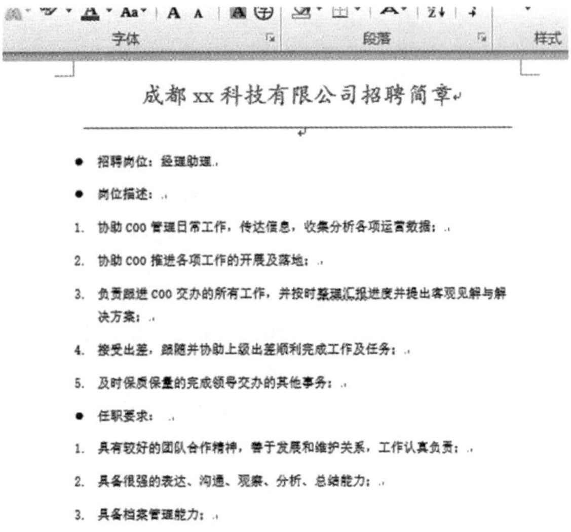

图 2-19

实验二　编排宣传简报

◎设置文本的基本格式；
◎在文档中插入与调整图片；
◎利用 Word 2010 进行图文混排；
◎使用页眉、页脚、页码进行页面设置。

实验任务

Step 1　打开 Microsoft Word 2010 软件，新建一个空白文档，设置纸张大小为 A4，纸张方向为纵向。

Step 2　设置页边距为上 2.54 厘米，下 2.54 厘米，左 3.17 厘米，右 3.17 厘米。在文档中输入内容（见图 2-20），将文档命名“大熊猫 . docx”。

大熊猫

大熊猫（学名：*Ailuropoda melanoleuca*，英文名称：Giant panda），属于食肉目、熊科、大熊猫亚科和大熊猫属唯一的哺乳动物，体色为黑白两色，它有着圆圆的脸颊，大大的黑眼圈，胖嘟嘟的身体，标志性的内八字的行走方式，也有解剖刀般锋利的爪子。是世界上最可爱的动物之一。

大熊猫已在地球上生存了至少 800 万年，被誉为“活化石”和“中国国宝”，世界自然基金会的形象大使，是世界生物多样性保护的旗舰物种。据第三次全国大熊猫野外种群调查，全世界野生大熊猫不足 1600 只，属于中国国家一级保护动物。截至 2011 年 10 月，全国圈养大熊猫数量为 333 只。大熊猫最初是吃肉的，经过进化，99% 的食物都是竹子了，但牙齿和消化道还保持原样，仍然划分为食肉目。野外大熊猫的寿命为 18～20 岁，圈养状态下可以超过 30 岁。

大熊猫是中国特有种，属熊科，现存的主要栖息地在中国四川、陕西等周边山区。

成年熊猫长120~190 厘米，体重 85 到 125 公斤，适应以竹子为食的生活。大熊猫憨态可掬的可爱模样深受全球大众的喜爱，在 1961 年世界自然基金会成立时就以大熊猫为其标志，大熊猫俨然成为物种保育最重要的象征，也是中国作为外交活动中表示友好的重要代表。

图 2-20

Step 3　设置标题格式。用鼠标选中第一行标题的文字，右击鼠标在弹出的下拉菜单中选择【字体】（见图 2-21），或者在【开始】选项卡的【字体】组中单击对话框启动器，打开【字体】设置对话框（见图 2-22），选择“宋体”并设置为“二号”，单击【加粗】，完成标题文字设置，效果见图 2-23。

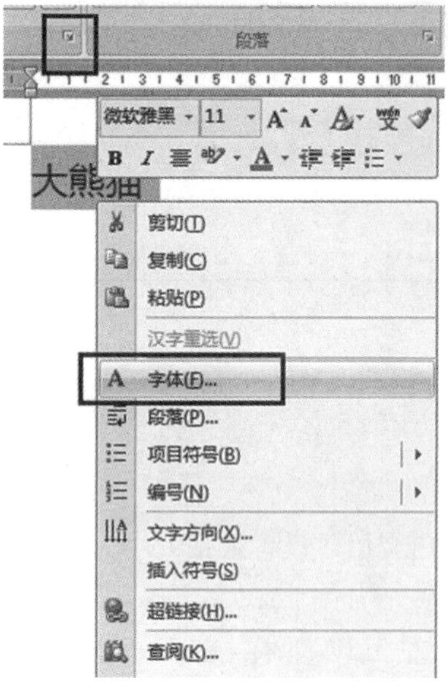

图 2-21

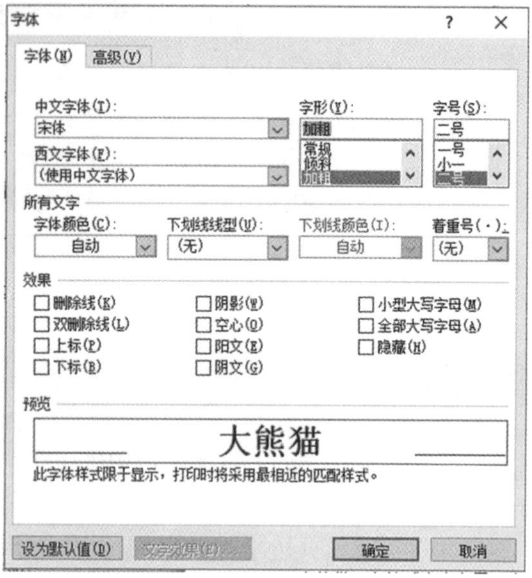

图 2-22

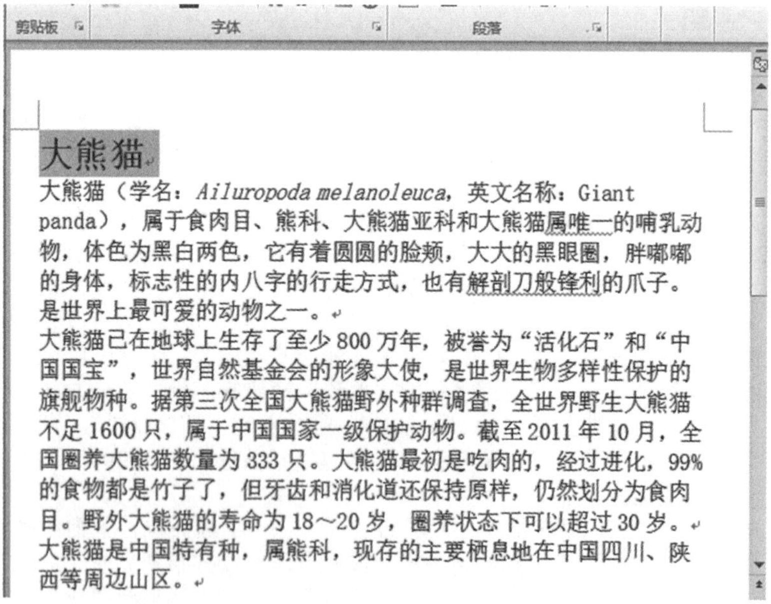

图 2-23

Step 4　设置正文分栏。鼠标选中其他正文文本，选择【页面布局】选项卡，单击【页面设置】组中的【分栏】按钮，在弹出的下拉列表中选择【两栏】（见图 2-24）。分栏后的效果见图 2-25。

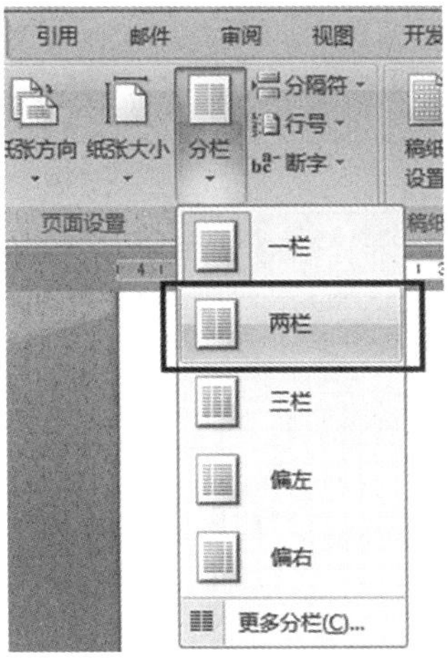

图 2-24

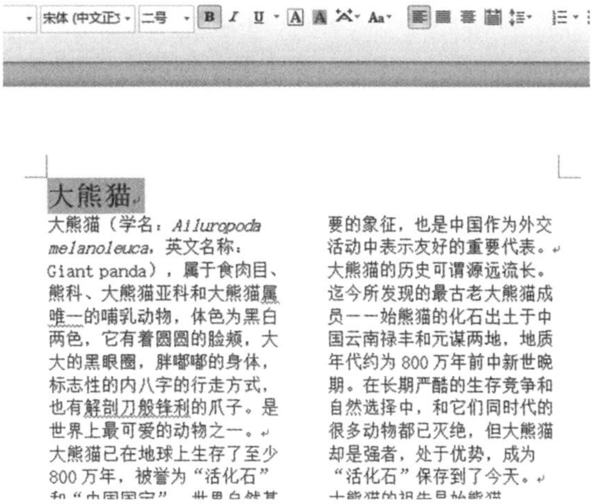

图 2-25

Step 5　设置正文缩进。继续保持鼠标拖选的正文，右击鼠标，在弹出的菜单中选择【段落】，打开“段落”对话框（见图 2-26），在【缩进】选项组中，设置【特殊格式】为“首行缩进”，【磅值】为“2 字符”，单击【确定】完成正文缩进设置（见图 2-27）。

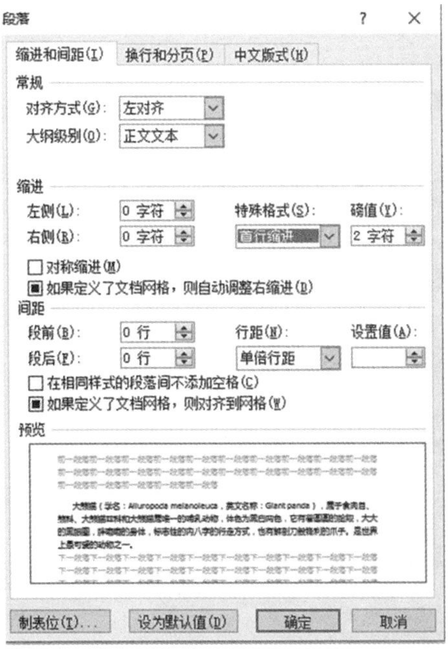

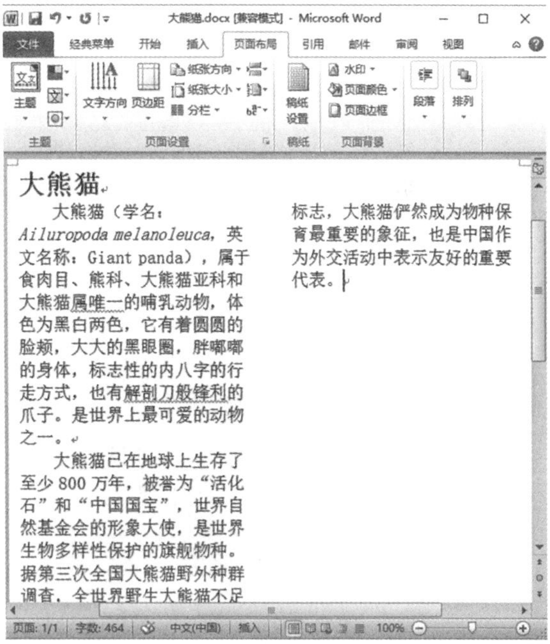

图 2-26　　图 2-27

Step 6　插入图片。将鼠标指针放在正文第一段落结束处，选择【插入】选项卡，单击【图片】按钮（见图 2-28），打开“插入图片”对话框，选中目标图片并单击【插入】（见图 2-29），该图片即插入文档中（见图 2-30）。

图 2-28

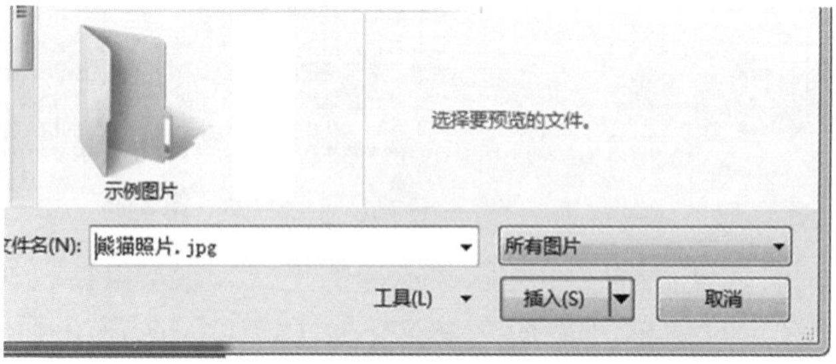

图 2-29

大熊猫

大熊猫（学名：*Ailuropoda melanoleuca*，英文名称：Giant panda），属于食肉目、熊科、大熊猫亚科和大熊猫属唯一的哺乳动物，体色为黑白两色，它有着圆圆的脸颊，大大的黑眼圈，胖嘟嘟的身体，标志性的内八字的行走方式，也有解剖刀般锋利的爪子。是世界上最可爱的动物之一。

大熊猫已在地球上生存了至少 800 万年，被誉为“活化

大熊猫是中国特有种，属熊科，现存的主要栖息地在中国四川、陕西等周边山区。

成年熊猫长120~190 厘米，体重 85 到 125 公斤，适应以竹子为食的生活。 大熊猫憨态可掬的可爱模样深受全球大众的喜爱，在 1961 年世界自然基金会成立时就以大熊猫为其标志，大熊猫俨然成为物种保育最重要的象征，也是中国作为外交活动中表示友好的重要代表。

大熊猫的历史可谓源远流长。迄今所发现的最古老大熊猫成员——始熊猫的化石出土于中国云南禄丰和元谋两地，地质年代约为 800 万年前中新世晚期。在长期严酷的生存竞争和自然选择中，和它们同时代的很多动物都已灭绝，但大熊猫却是强者，处于优势，成

图 2-30

Step 7　调整图片大小和位置。右击文档中插入的图片，在弹出的菜单中选择【自动换行】→【四周型环绕】命令（见图 2-31），用鼠标拖动图片四周的控制点可调整图片的大小，然后按住鼠标左键拖动图片以调整其在文档中的位置（见图 2-33）。

图 2-31

大熊猫

大熊猫（学名：Ailuropoda melanoleuca，英文名称：Giant panda），属于食肉目、熊科、大熊猫亚科和大熊猫属唯一的哺乳动物，体色为黑白两色，它有着圆圆的脸颊，大大的黑眼圈，胖嘟嘟的身体，标志性的内八字的行走方式，也有解剖刀般锋利的爪子。是世界上最可爱的动物之一。

大熊猫已在地球上生存了至少 800 万年，被誉为“活化石”和“中国国宝”，世界自然基金会的形象大使，是世界生物多样性保护的旗舰物种。据第三次全国大

成年熊猫长约 120~190 厘米，体重 85 到 125 公斤，适应以竹子为食的生活。大熊猫憨态可掬的可爱模样深受全球大众的喜爱，在 1961 年世界自然基金会成立时就以大熊猫为其标志，大熊猫俨然成为物种保育最重要的象征，也是中国作为外交活动中表示友好的重要代表。

大熊猫的历史可谓源远流长。迄今所发现的最古老大熊猫成员——始熊猫的化石出土于中国云南禄丰和元谋两地，地质年代约为 800 万年前中新世晚期。在长期严酷的生存竞争和自然选择中，和它们同时代的很多动物都已灭绝，但大熊猫却是强者，处于优势，成为“活化石”保存到了今天。

大熊猫的祖先是始熊猫

图 2-32

Step 8　设置页眉。单击【插入】的【页眉和页脚】选项卡，单击【页眉】，在下拉菜单中选择【编辑页眉】命令（见图 2-33）即可进行页眉文字录入和设置。可选择“首页不同”来控制文档的第一页是否显示页眉（见图 2-34）。

图 2-33

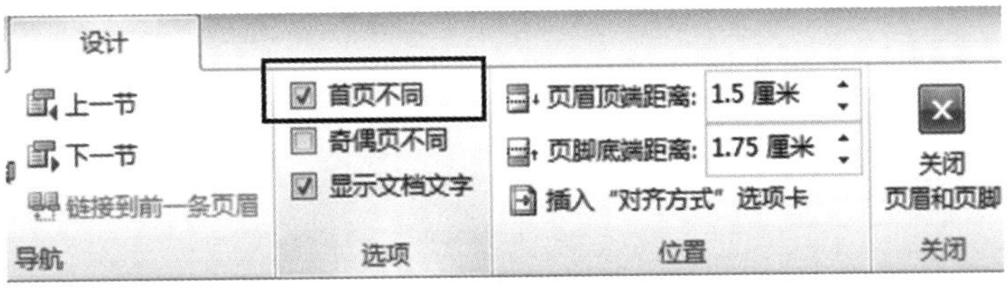

图 2-34

Step 9　设置页码。单击【插入】的【页眉和页脚】选项卡，单击【页码】显示下拉菜单，单击【页面底端】选择页码位置（见图 2-35），单击【设置页码格式（F）…】，出现“页码格式”对话框，从中设置“起始页码”为 0（见图 2-36）。

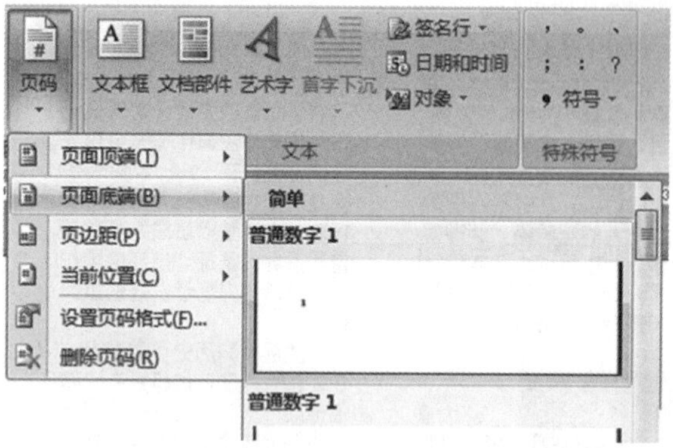

图 2-35

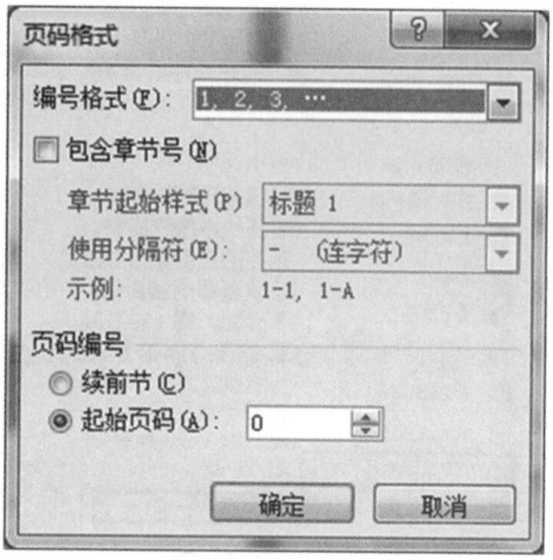

图 2-36

实验三　毕业论文排版

◎学会创建和应用标题样式；

◎能进行多级符号的创建并应用；

◎能利用题注功能对图、表进行自动编号；

◎能进行文档目录的自动制作。

实验任务

Step 1　页面设置。打开素材文件，切换到【页面布局】→【页面设置】选项组，点击【页边距】按钮，在下拉列表中选择【自定义边距】，在弹出的“页面设置”对话框中设置上下页边距各为 2.5 厘米，左右页边距各为 2 厘米，单击【确定】按钮，完成页面设置。

Step 2　设置标题和正文样式。在【开始】→【样式】选项组单击右下角的对话按钮（见图 2-37 的圆圈），弹出“样式”下拉窗格。将鼠标移动到【标题 1】处，单击鼠标右键，选择【修改】命令（见图 2-38），弹出“修改样式”对话框。在“修改样式”对话框中，设置字体为二号，黑体，加粗，居中（见图 2-39）。

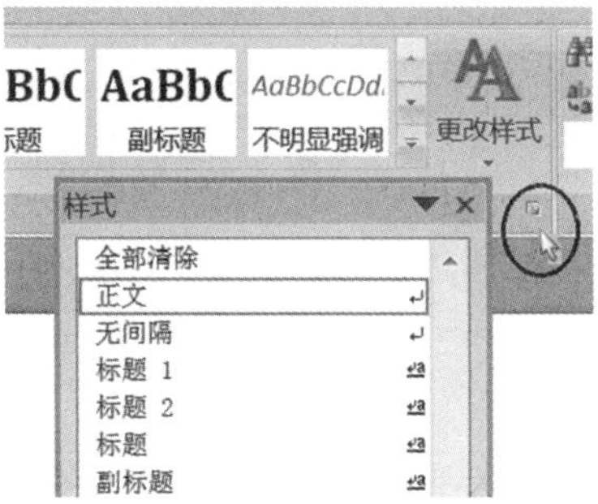

图 2-37

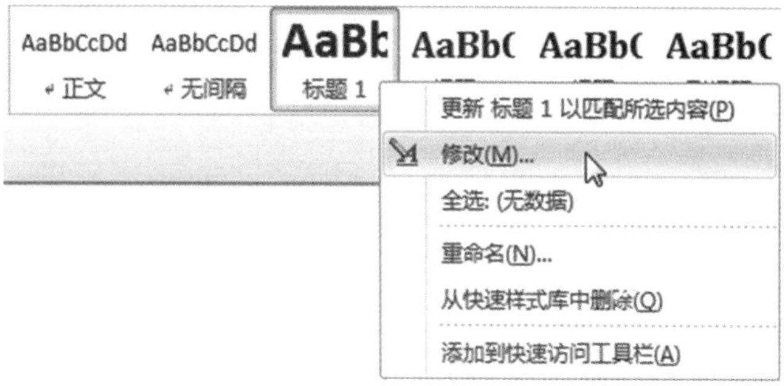

图 2-38

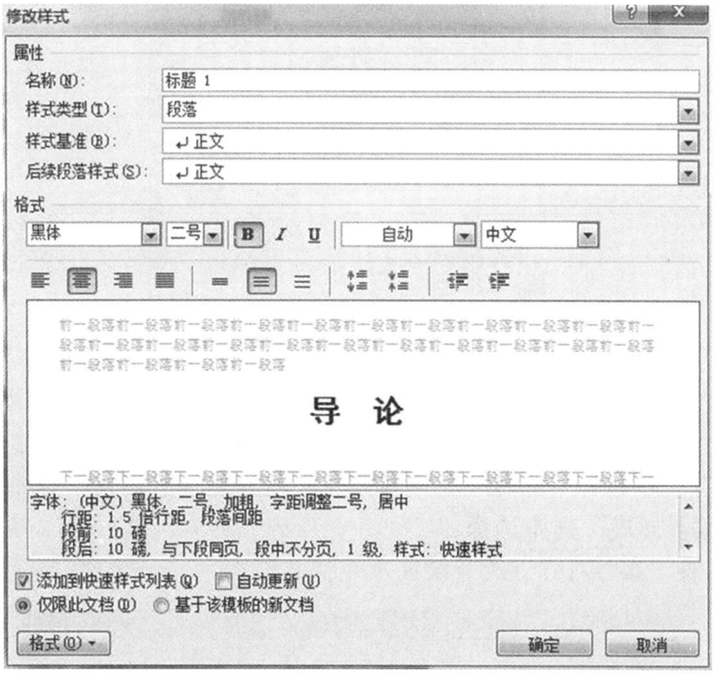

图 2-39

按照同样方法，在样式窗口中找到标题 2、标题 3、正文样式，按照表 2-1 的要求样式进行格式设置。

表 2-1　各级标题和正文格式要求

名称	字体	字号	编号	对齐方式
标题 1	黑体	二号、加粗	第一编	居中
标题 2	黑体	三号、加粗	第一节	居中
标题 3	宋体	小三号	一、	
正文	宋体	小四		段落首行缩进 2 字符

Step 3　使用多级符号。

① 从【开始】→【段落】选项组点击【多级列表】按钮，在下拉列表中选择【定义新的多级列表】(见图2-40)。

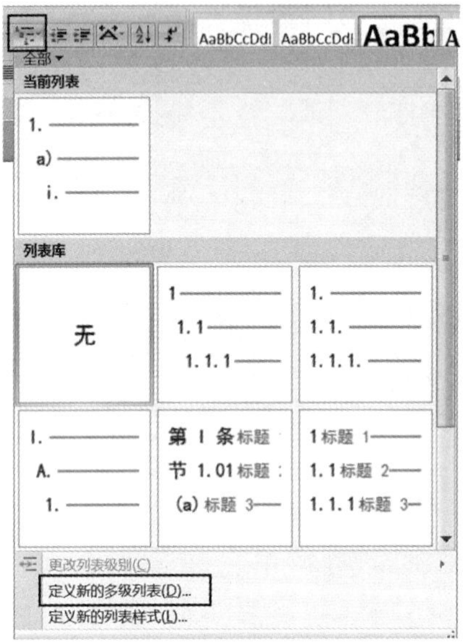

图 2-40

② 在弹出的“定义新多级列表”对话框中，单击左下角的【更多】后出现新的“定义新多级列表”对话框（见图2-41）。如要修改级别1，则单击左栏里的“1”，在“将级别链接到样式”框中选择“标题1”样式，在“输入编号的格式”框中输入“第”字，从“此级别的编号样式”框中选择“一，二，三…”样式，然后在“输入编号的格式”框输入“编”，将“编号对齐方式”设置为“居中”。

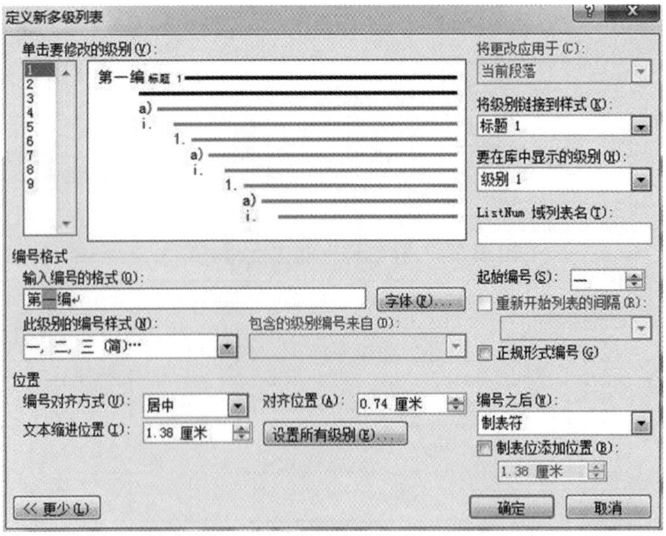

图 2-41

③ 点击【设置所有级别】按钮，在对话框中进行设置（见图 2-42）。

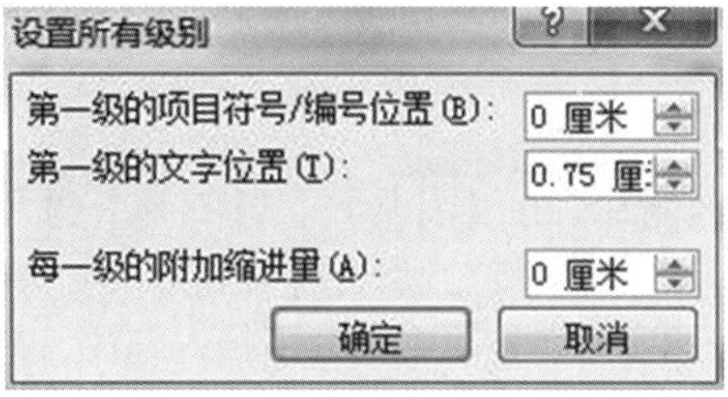

图 2-42

④ 按照以上步骤修改级别 2（见图 2-43）和级别 3（见图 2-44）。

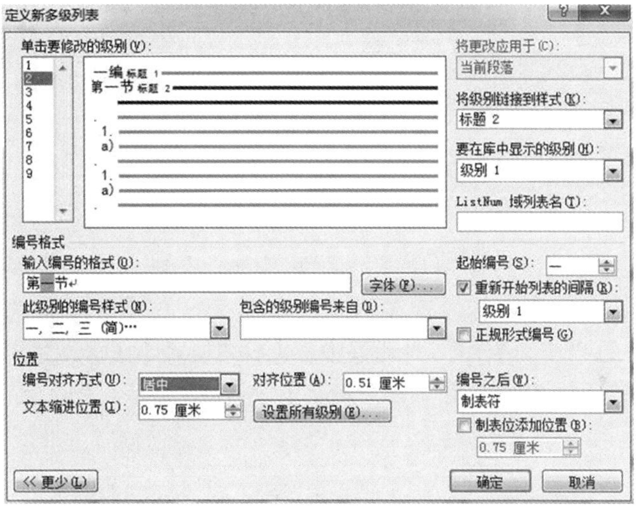

图 2-43

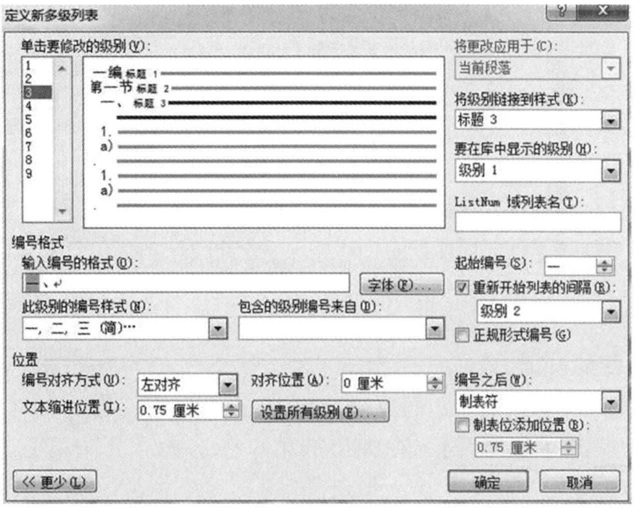

图 2-44

Step 4　应用样式设置。选中需要设置为一级标题的文本，单击【样式】窗格中的【标题1】样式。按照同样的方法，为其他的一级标题、二级标题、三级标题和正文设置相对应的应用样式。

Step 5　设置题注。

鼠标点击选择文章中的图片，在【引用】→【题注】选项组，点击【插入题注】按钮，打开“题注”对话框（见图2-45），点击【新建标签】，在弹出的“标签”栏中输入“图”，点击【确定】（见图2-46），即可在图片下插入题注，在题注后输入此图片的名称。

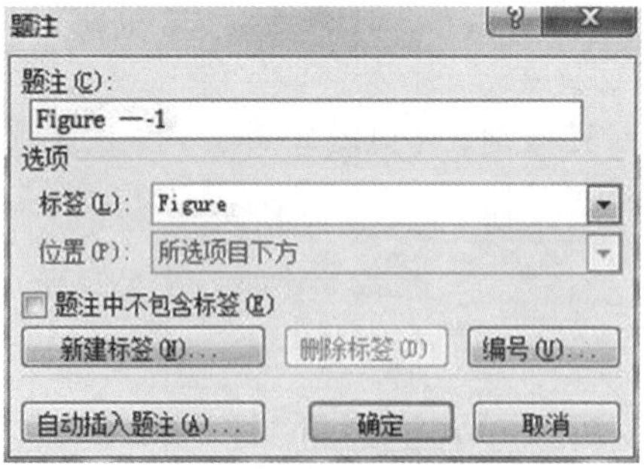

图 2-45

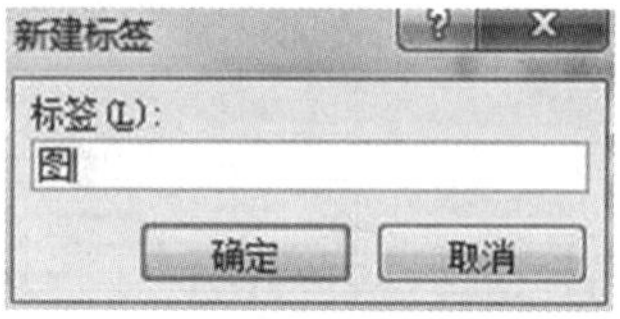

图 2-46

Step 6　设置交叉引用。在图片旁边的文字中，找到“理论代表则是布瓦洛的《诗艺》（见）”这几个字，将光标放置在“见”字后，点击【题注】选项组中的【交叉引用】按钮，在弹出的“交叉引用”对话框中，【引用类型】选择“图”，【引用内容】选择“只有标签和编号”，在【引用哪一个题注】列表中选择“图1 诗艺”，点击【插入】按钮（见图2-47）。

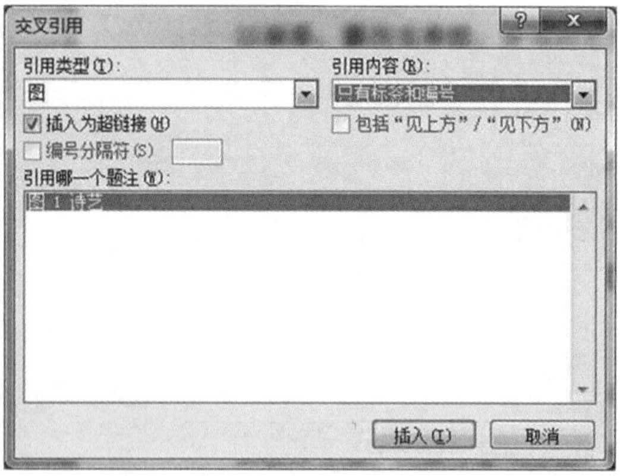

图 2-47

Step 7　制作自动目录。

① 在正文前插入一个空白页：将光标放置在文章起始位置，在【页面布局】→【页面设置】选项组，点击【分隔符】，在弹出的菜单中选择【下一页】，使文章前面插入一个空白页（见图2-48）。

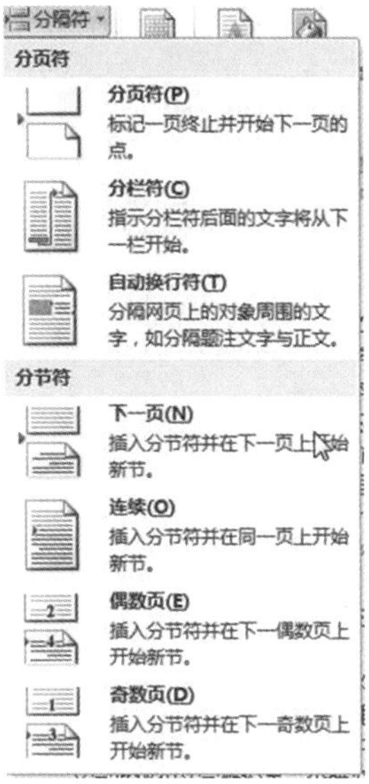

图 2-48

② 在插入的新页面的首行输入“目录”二字，设置字体为宋体，二号，加粗，居中。点击回车键，使光标跳至下一行。点击【引用】→【目录】按钮，选择【插入目录】命令（见图 2-49）。

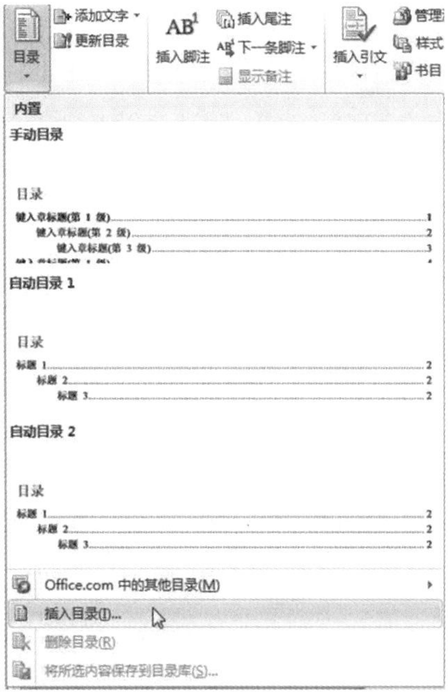

图 2-49

③ 在打开的“目录”对话框中，选择【目录】选项卡，将显示级别设置为 2，点击【确定】，则目录页将显示标题 1 和标题 2 两级标题（见图 2-50）。

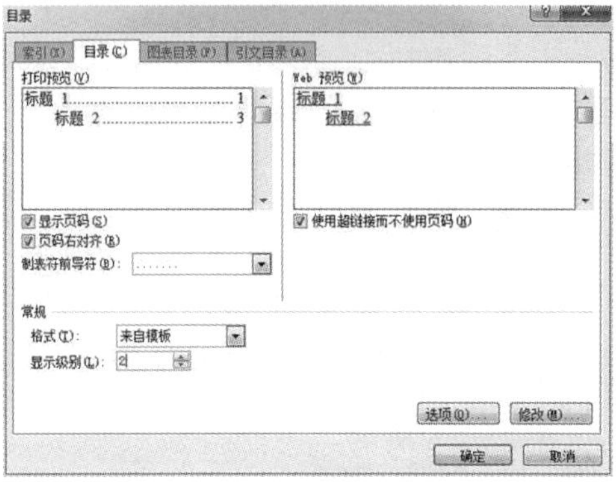

图 2-50

Step 8　设置页眉和页脚。

① 将光标定位到正文，在【插入】→【页眉和页脚】选项组，点击【页眉】按钮，在下拉列表中选择【编辑页眉】（见图 2-51），进入页眉编辑区。

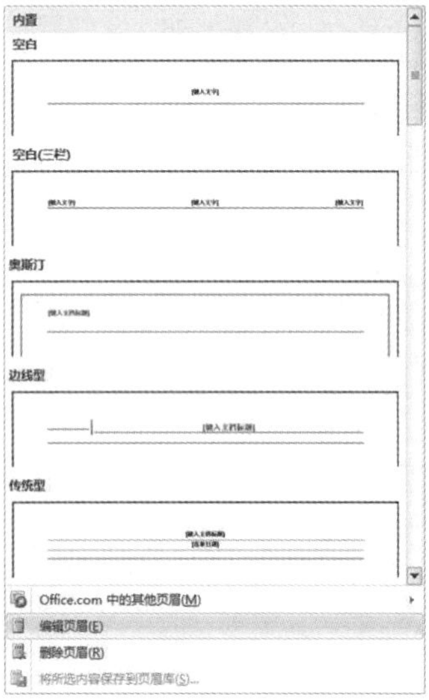

图 2-51

② 在页眉编辑区界面的【导航】选项组中，点击【链接到前一条页眉】按钮，使其为不可用状态（见图 2-52），在页眉编辑区中输入“文学概述”。

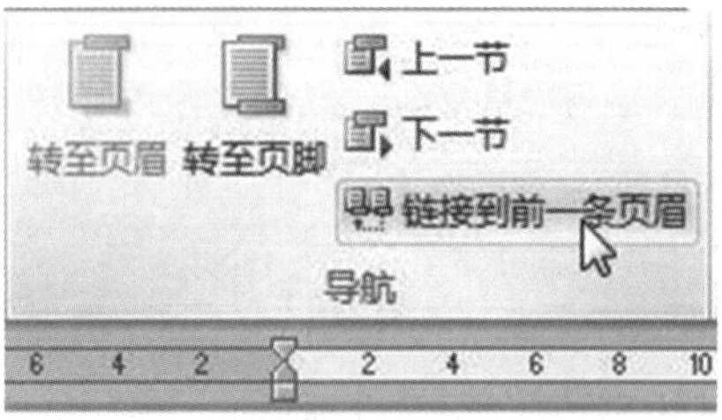

图 2-52

③ 点击【导航】选项组中的【转至页脚】按钮，在【导航】选项组中，点击【链接到前一条页眉】按钮，使其为不可用状态。

④ 点击【页码】按钮，在下拉列表中选择【设置页码格式】（见图 2-53），打开“页码格式”对话框，在“页码编号”中选择“起始页码”从“1”开始，点击【确定】（见图 2-54）。

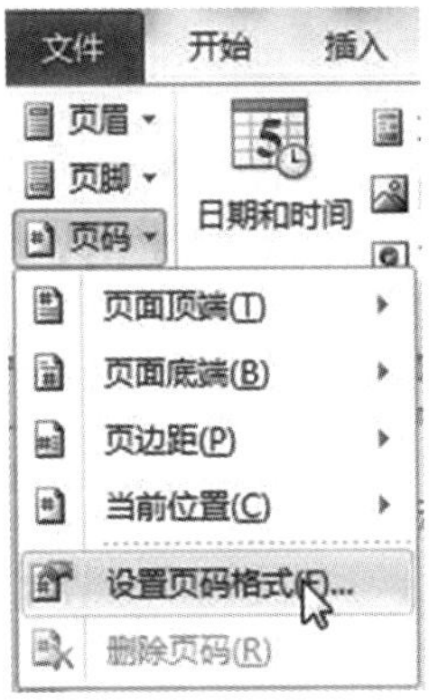

图 2-53

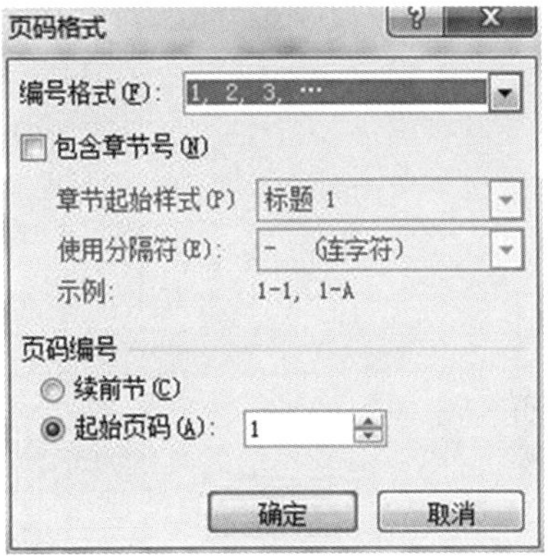

图 2-54

⑤ 点击【页码】按钮，在下拉列表中选择【页面底端】下的“普通数字 2”的样式（见图 2-55）即完成页码设置。

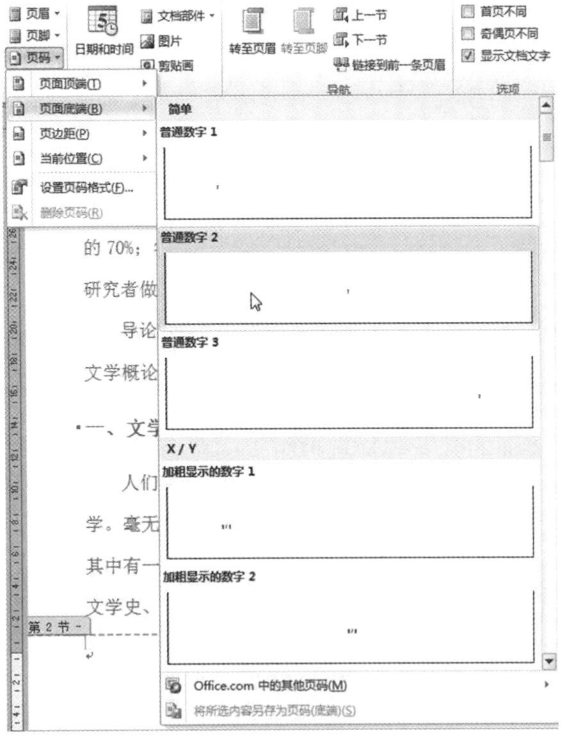

图 2-55

Step 9 插入书签和超链接。

① 在光标放在“目录”前，在【插入】→【链接】选项区点击【书签】（见图2-56）。

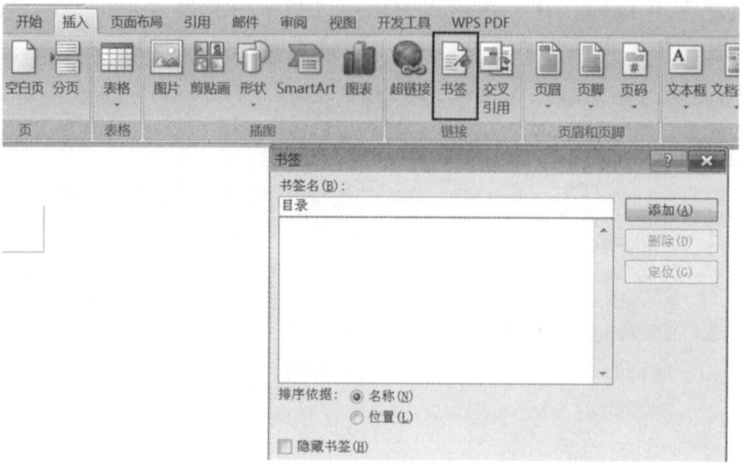

图 2-56

② 在每章结尾处插入【返回目录】的超链接，通过超链接实现跳转到书签所在位置。在【插入】→【链接】选项区点击【超链接】，弹出“插入超链接”对话框进行设置（见图2-57）。设置后可以点击查看效果。

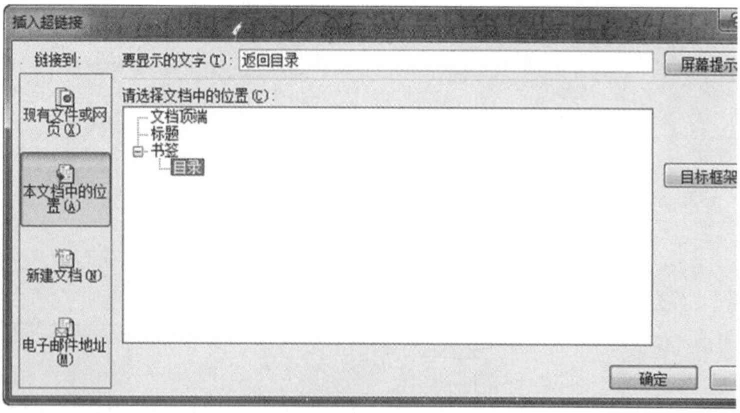

图 2-57

Step 10 修订文档功能设置。在【审阅】→【修订】选项区点击【修订】可以对文档进行最终修订，并选择不同的显示状态（见图2-58）。

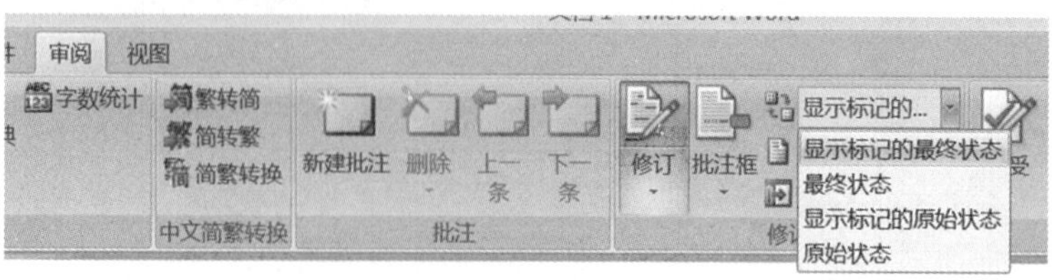

图 2-58

Step 11　文档的查找和替换操作。打开【开始】→【编辑】，选择【替换】选项（见图2-59），弹出“查找和替换”对话框（见图2-60）。利用“查找”和“替换”功能，可以将英文逗号、句号、冒号和小括号全部查找出来，并修改为相应的中文标点符号。

图 2-59

图 2-60

Step 12　字数统计。打开【审阅】→【校对】，点击【字数统计】选项可以对文档最终字数进行统计（见图2-61，图2-62）。

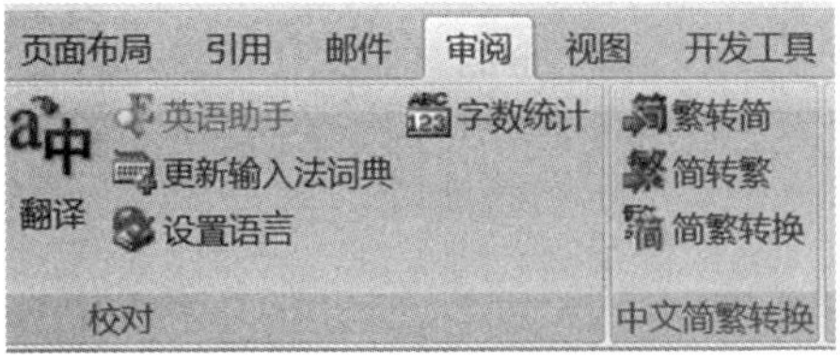

图 2-61

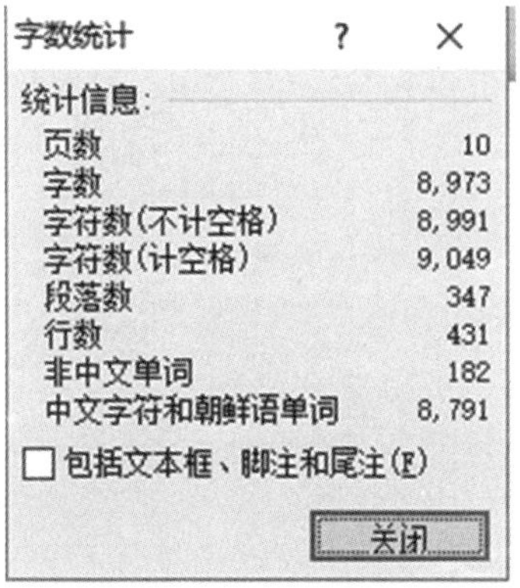

图 2-62

实验四　批量制作带照片的通知书

◎利用邮件合并功能批量制作通知书；
◎学会域的使用方法。

实验任务

Step 1　创建通知书主文档。

① 新建一个空白文档。选择【插入】→【文本框】在页面中插入一个文本框（见图2-63），将鼠标放在文本框的边框线单击鼠标右键，弹出“设置文本框格式”对话框，设置文本框大小为12厘米×17厘米（见图2-64），设置后的文本框样式见图2-65。

图 2-63

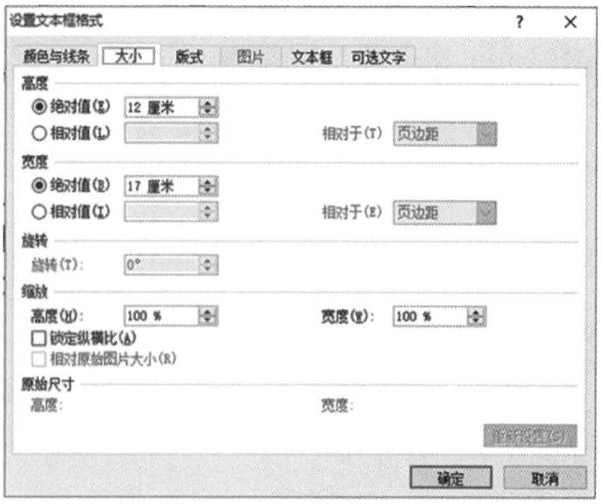

图 2-64

图 2-65

② 双击文本框的边框，点击【格式】→【形状填充】→【图片】(见图2-66)，在弹出的“选择文件路径”对话框中选择素材文件夹中的“通知书背景图片”文件，点击【插入】为通知书加入图片作为背景。

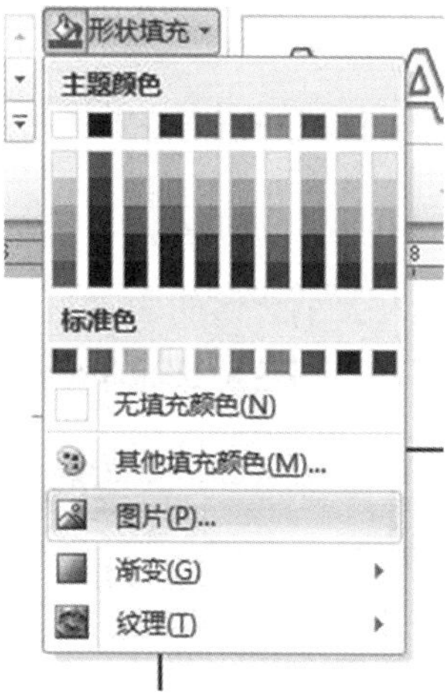

图 2-66

③ 双击文本框，点击【格式】→【形状样式】→【形状轮廓】选项，在下拉列表中选择【无轮廓】(见图2-67)。

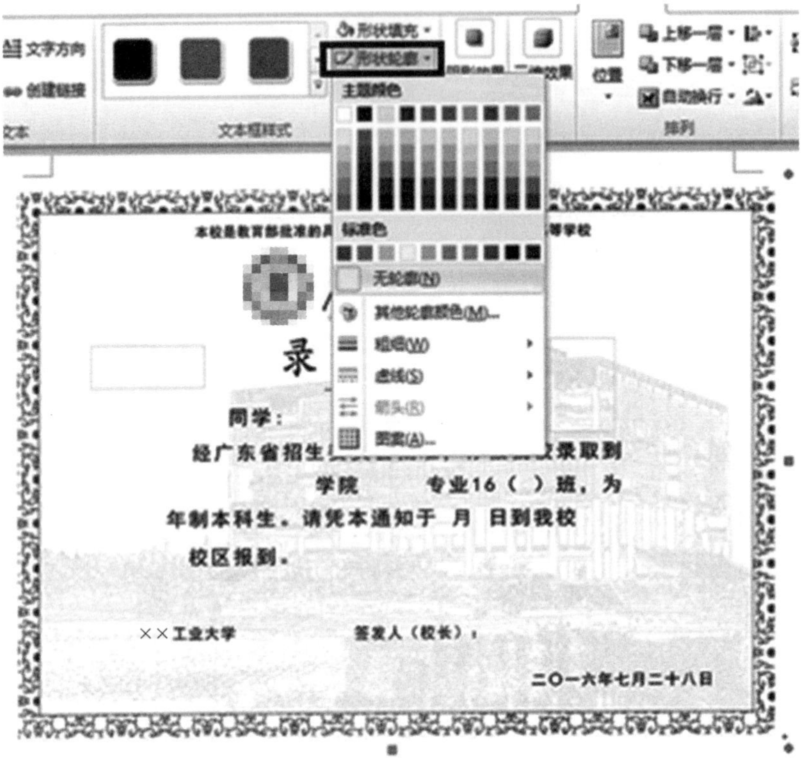

图 2-67

④ 在“录取通知书”右侧插入大小合适的文本框用于粘贴照片（见图 2-68），将粘贴照片的文本框轮廓设置为“无轮廓”，效果见图 2-69。

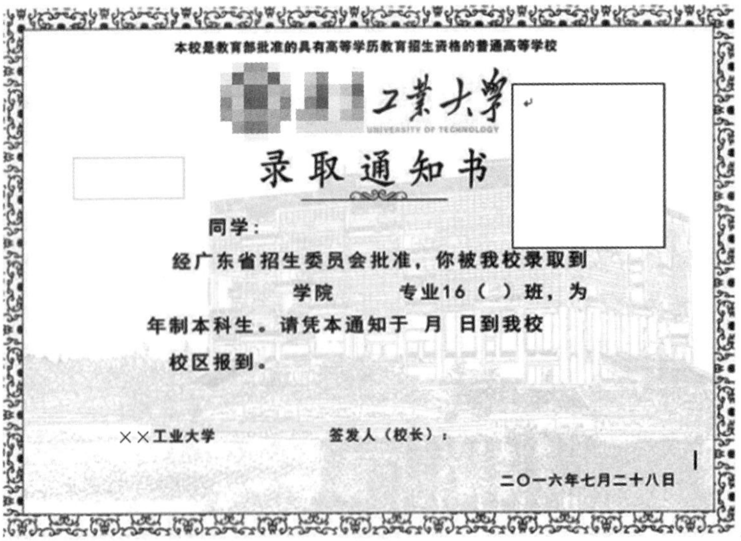

图 2-68

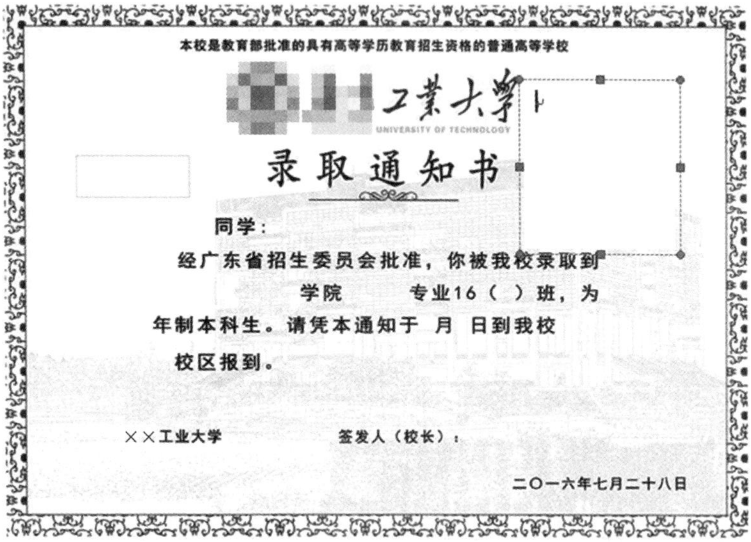

图 2-69

⑤ 在“同学”“学院”“专业”“班”“校区”前面分别插入文本框，并将空文本框的字体格式设置为黑体、小四，文本框的轮廓设置为“无轮廓”，效果见图 2-70。

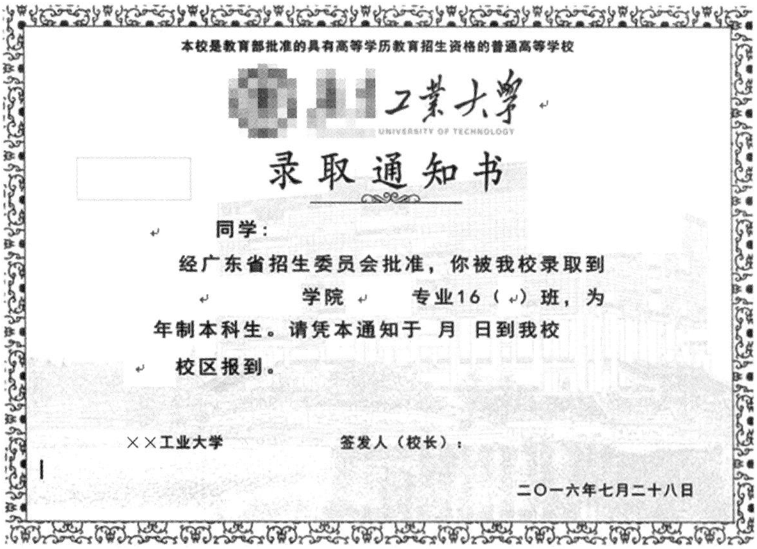

图 2-70

⑥ 在“年制”“月”“日”前面分别插入文本框，文本框中输入固定字符依次为“四”“9”“1”，设置字体格式为黑体、小四，设置文本框的轮廓为“无轮廓”，效果见图 2-71。

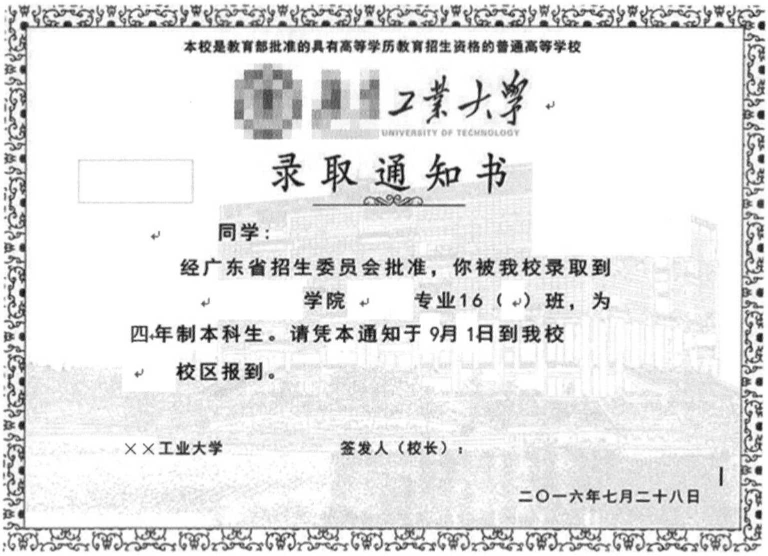

图 2-71

⑦ 将文档保存为“通知书主文档”文件。

Step 2　准备数据源文件。

① 启动 Excel 2010，新建工作簿文件。

② 在 Sheet1 工作表中输入学生姓名、学院、专业、班级、校区和照片，其中，照片一栏输入的是存放照片的地址（见图 2-72）。

注意：照片一栏并不需要插入真实的图片，而是输入此照片的磁盘地址，地址之间的分隔用双反斜杠“\\”表示。地址路径不宜太长。

A	B	C	D	E	F
姓名	学院	专业	班级	校区	照片
张一	汽车信息工程	汽修	1	东	D:\\通知书\\pic\\1.jpg
张二	汽车信息工程	电子	2	东	D:\\通知书\\pic\\2.jpg
张三	汽车信息工程	机械	1	东	D:\\通知书\\pic\\3.jpg
李一	汽车信息工程	汽服	2	东	D:\\通知书\\pic\\4.jpg
李二	经济管理	会计	1	东	D:\\通知书\\pic\\5.jpg
李三	经济管理	会计	1	东	D:\\通知书\\pic\\6.jpg
王一	经济管理	审计	2	东	D:\\通知书\\pic\\7.jpg
王二	艺术	美术	1	西	D:\\通知书\\pic\\8.jpg
王三	艺术	音乐	2	西	D:\\通知书\\pic\\9.jpg

图 2-72

③ 将数据源文件以“通知书数据源文件”为文件名保存。

Step 3　利用邮件合并功能批量制作通知书。

① 打开“通知书主文档”文件，选择【邮件】→【开始邮件合并】，在下拉列表中选择【信函】（见图 2-73）。

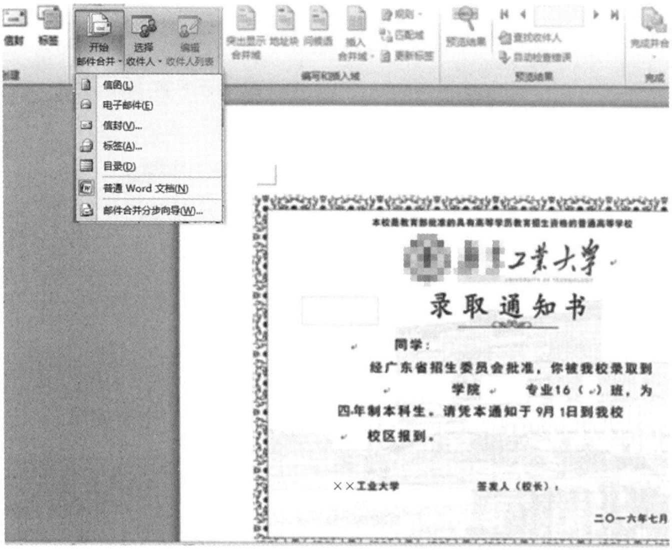

图 2-73

② 选择【邮件】→【开始邮件合并】选项组，点击【选择收件人】按钮，在下拉列表中选择【使用现有列表】命令，在弹出的“选择文件路径”对话框中找到数据源文件“通知书数据源文件 . xlsx”（见图 2-74），点击【打开】，在弹出的“选择表格”对话框中选择信息所在的工作表“Sheet1”，单击【确定】按钮将打开数据源。

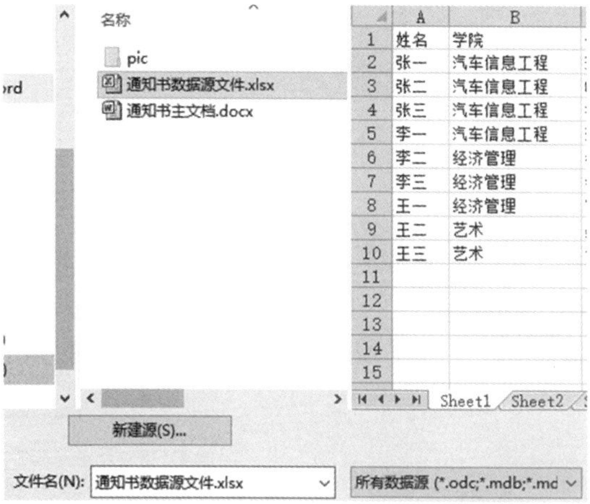

图 2-74

③ 将光标定位在“姓名”后，切换到【邮件】→【编写和插入域】选项组选择【插入合并域】按钮，在打开的下拉列表中选择“姓名”域名（见图 2-75）。然后，以上述方法将光标定位在“学院”“专业”“班级”“校区”后，在【插入合并域】下拉列表中，分别选择对应的“学院”“专业”“班级”“校区”域。

④ 将光标定位在照片粘贴处，切换到【插入】→【文本】选项组，单击【文档部件】按钮，在下拉列表中选择【域】（见图 2-76）。

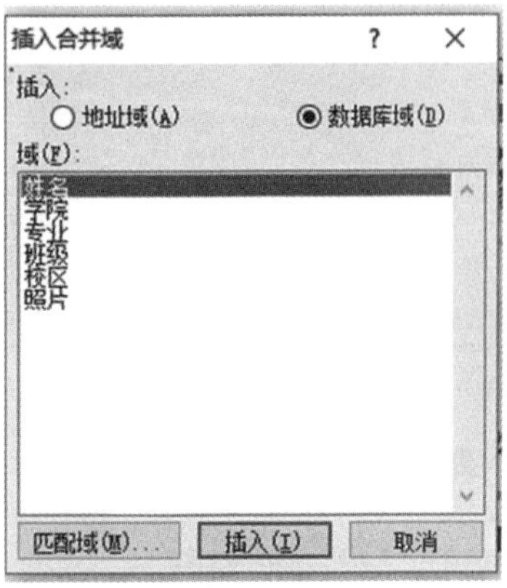

图 2-75

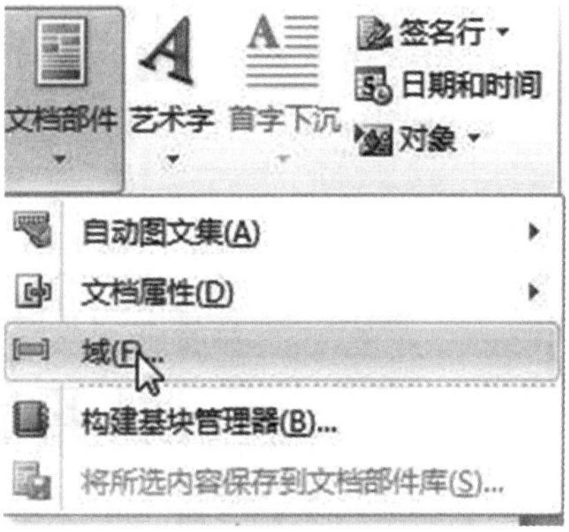

图 2-76

在弹出的"域"对话框中，选择域名"IncludePicture"，"文件名或 URL"栏可随意填写（如写为"1"，见图 2-77）。

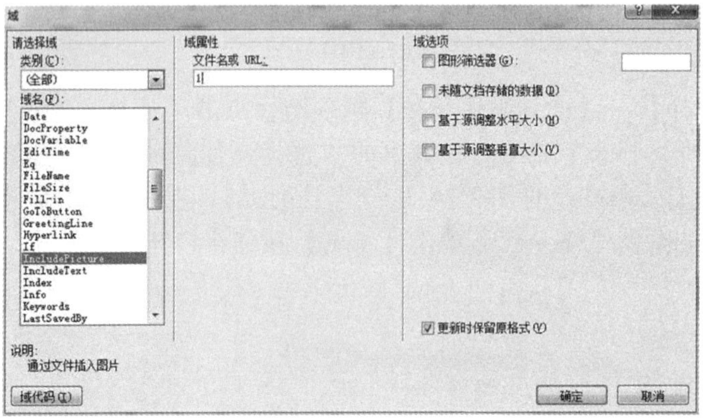

图 2-77

点击【Alt + F9】键，将域显示出来，选中之前照片框里的文件名"1"，切换到【邮件】→【编写和插入域】选项组选择【插入合并域】按钮，在打开的下拉列表中选择"照片"域插入（见图 2-78）。点击【Alt + F9】键，将域恢复原状（见图 2-79）。

图 2-78

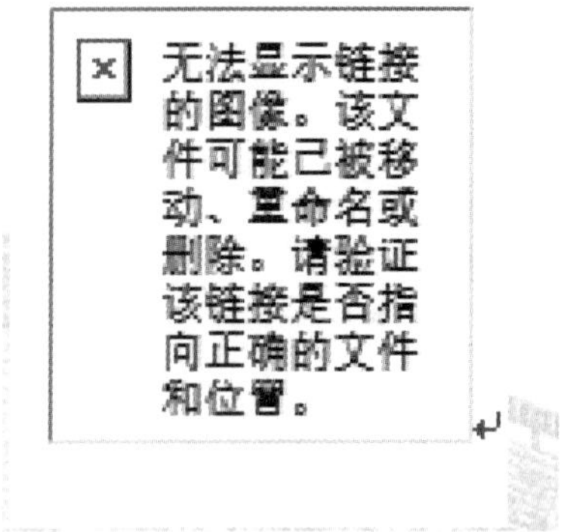

图 2-79

⑤ 切换到【邮件】→【完成】选项组选择【完成并合并】按钮，在打开的下拉列表中选择【打印文档】，用户可以即时打印文档；也可以选择【编辑单个文档】，打开“合并到新文档”对话框，选择要合并的记录。此时选择【全部】按钮，并点击【确定】（见图 2-80）。将合并后的文档保存为“通知书”文件，最后效果见图 2-81。

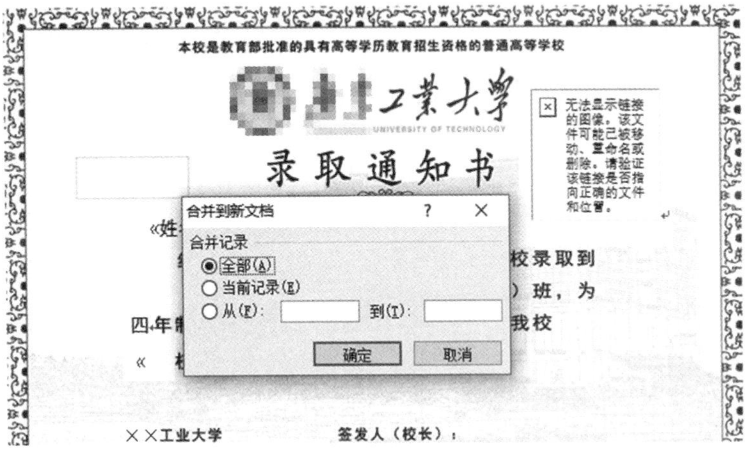

图 2-80

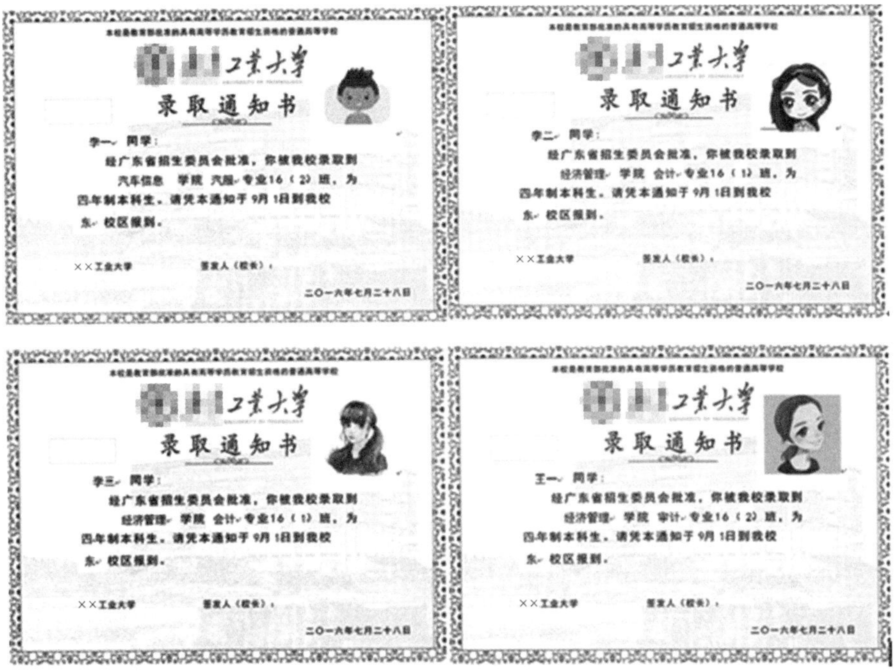

图 2-81

提示：如果照片没有显示，可以点击【Ctrl + A】，点击【F9】更新域；如果仍然没有显示，可以将文档保存并关闭，再次打开，点击【Ctrl + A】全选，然后点击【F9】更新域。

项目三

Excel 2010 电子表格应用

实验一　制作客户资料统计表

◎掌握 Excel 2010 软件基本操作方法；
◎对各种类型的数据进行录入和编辑；
◎对表格进行格式化设置；
◎了解“数据有效性”的操作方法。

实验任务一　设计和建立 Excel 表格文件

Excel 2010 的工作界面与 Word 2010 基本相似（见图 3-1），在 Excel 中，所有工作都是在工作簿、工作表和单元格中完成的。工作表包含在工作簿中，由单元格、行号、列标以及工作表标签组成，如果将工作簿比作一本书的话，那么书中的每一页就是一个工作表。

员工小王接到制作客户资料统计表的任务后，开始设计“客户资料统计表”中应该包含的内容。根据需求规划表格的内容是制作表格的第一步，这一步也是整个工作的基础。在该表的内容设计时，表中应有信息包括客户编号、姓名、性别、身份证号码、手机号、家庭住址等，这样才能方便与客户沟通交流，特殊情况下还应有“备注”项。

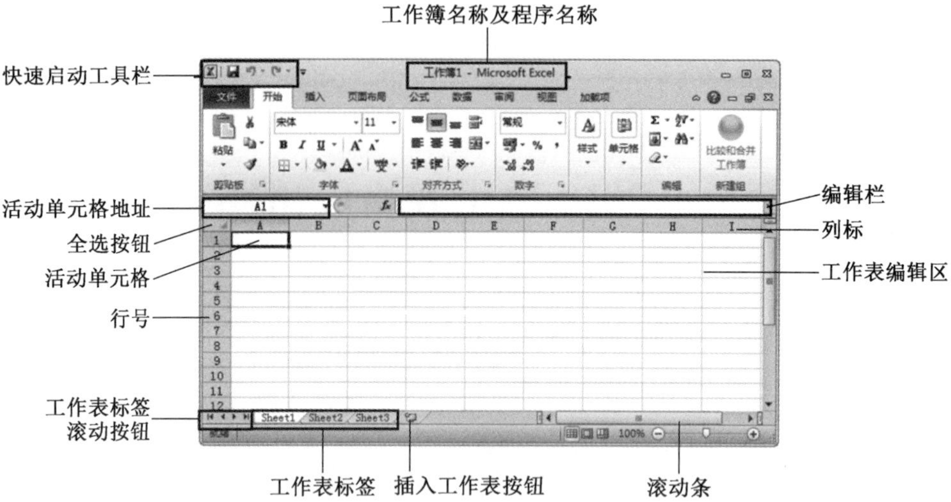

图 3-1

Step 1　启动程序建立 Excel 文档。点击桌面【开始】→【所有程序】→【Microsoft Office Excel 2010】命令，启动 Excel 2010 应用程序。

将新建 Excel 工作薄文件名为“客户资料统计表”并保存。插入“工作表”，并右击工作表标签将其重命名为“客户资料”。

Step 2　录入统计表的标题。

点击首行 A1 单元格，输入标题：“××公司客户资料统计表”。在第 2 行中输入列标题。分别点击 A2、B2、C2……单元格，输入“客户编号”“姓名”“性别”“电话号码”“身份证号”“Email 地址”“备注”（见图 3-2）。

	A	B	C	D	E	F	G
1	××公司客户资料统计表						
2	客户编号	姓名	性别	电话号码	身份证号	Email地址	备注

图 3-2

Step 3　录入客户编号，客户编号为 001、002……的形式。请注意：如果直接输入“001”，Excel 会自动省略“1”前面的两个“0”。因此，首先按住鼠标左键并拖动选择 A3～A10 单元格区域，右击鼠标出现下拉菜单点击【设置单元格格式】，在弹出的对话框中设置数据类型为“文本”（见图 3-3）。

自动填充客户编号。在 A3 单元格中输入 001，在 A3 单元格的右下角，点击出现黑色十字行自动填充柄，朝下拖动鼠标，则 A4～A10 区域依次出现“002、003……”等编号（见图 3-4）。

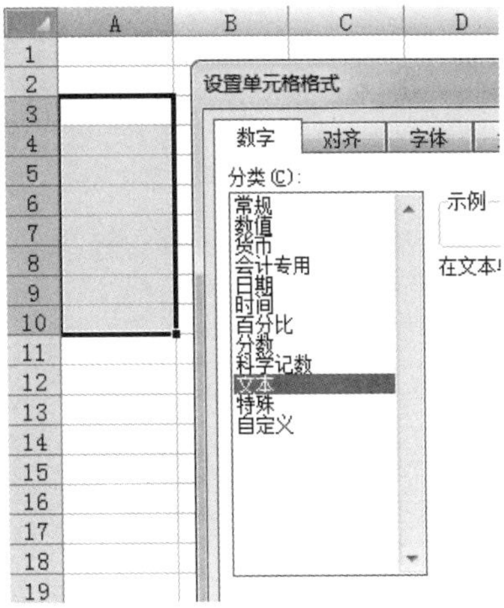

图 3-3

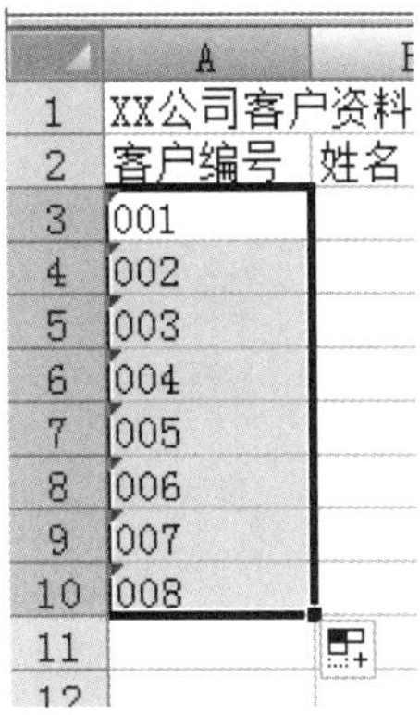

图 3-4

Step 4　在 B 列输入客户姓名。

Step 5　利用“数据有效性”功能输入客户性别。

鼠标拖选 C3～C10 单元格区域，单击【数据】选项卡中的【数据有效性】按钮（见图 3-5）。在弹出的“数据有效性”对话框中的【设置】选项卡下，在【允许（A)】选项中选择“序列”，根据需要设置是否“忽略空值”，在【来源】文本框中输入待选的列表项“男，女”，这里的字符之间应注意以英文半角逗号分隔，不需要加引号，再单击【确定】即可。

再返回工作表，刚才选择的区域中已经有下拉箭头，点击这个箭头或按【Alt】键可弹出下拉列表（见图 3-6）。

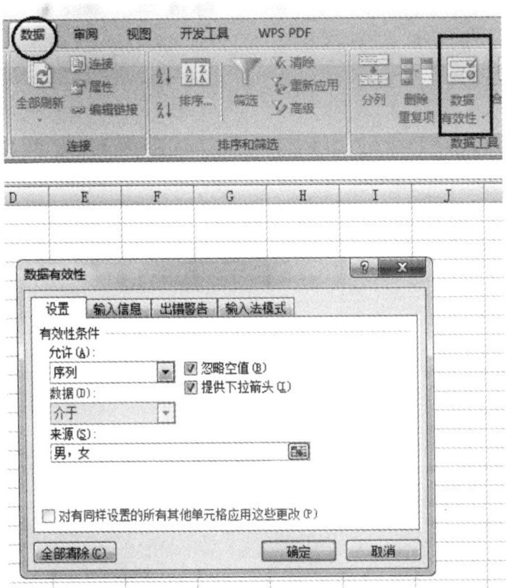

图 3-5

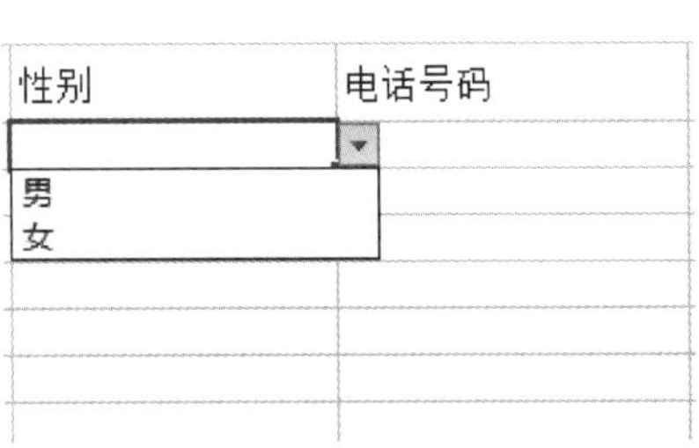

图 3-6

Step 6　在 D3～D10 单元格区域输入客户的电话号码。

Step 7　输入客户身份证号码。注意：身份证号码应为文本型数据，因此在输入身份证号码前，需要将单元格区域的类型设置为“文本型”。鼠标拖选 E3 ~ E10 单元格区域，点击【开始】选项卡，在【数字】子选项卡右下角点击出“设置单元格格式”对话框，在【数字】选项中选择“ABC 文本”类型（见图 3-7）。

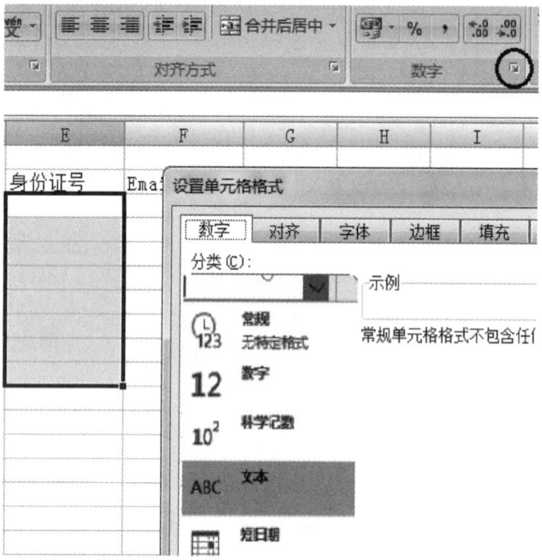

图 3-7

Step 8　输入 Email 地址。点击 F3 单元格，输入第一位客户的 Email 地址。注意：这时客户的 Email 地址自动变为超级链接效果。在这种情况下，可以点击鼠标右键，选择下拉菜单中的【取消超链接】，则单元格的超链接效果即被取消（见图 3-8）。

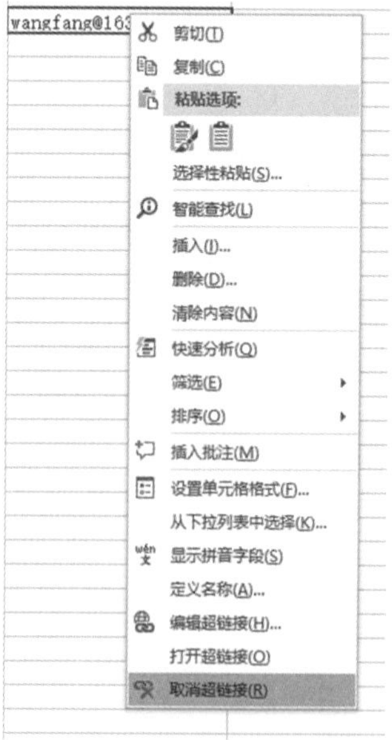

图 3-8

实验任务二　设置表格格式

Step 1　设置表格标题居中。鼠标拖选 A1 ~ G1 单元格区域，点击【开始】→【对齐方式】选项卡上的【合并后居中】按钮（见图 3-9），则表格标题在表格居中显示。将表格标题加粗，字体设置为隶书，14 号。选择表格内其他单元格，设置字号为 12，居中。

图 3-9

Step 2　添加表格边框。选择 A2：G10 单元格区域，点击【开始】选项卡中的【边框】按钮，选择下拉列表中的【所有框线】，则为表格添加默认的黑框线（见图 3-10）。

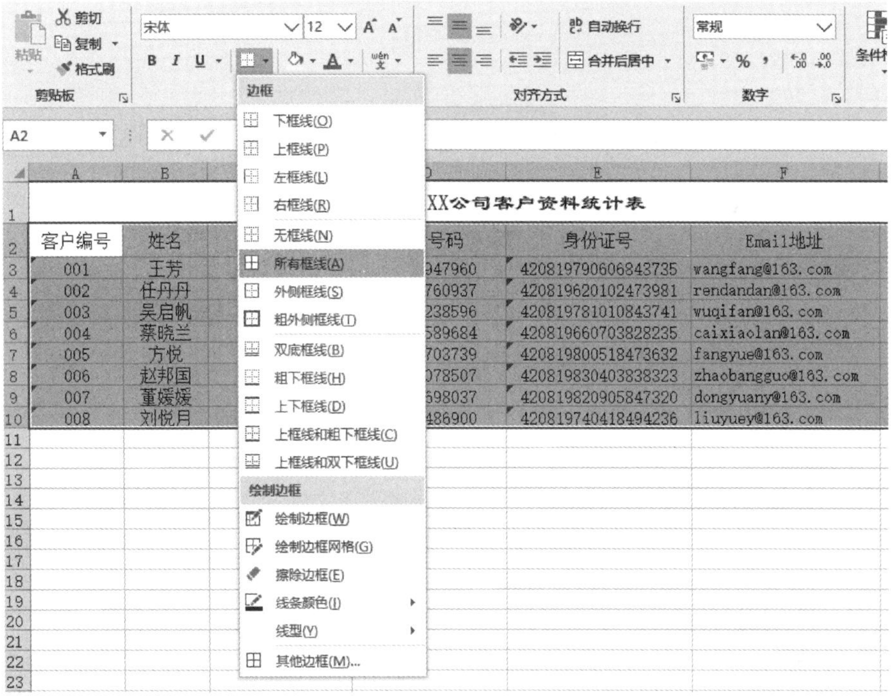

图 3-10

Step 3　设置单元格背景颜色。

① 选中 A3：G10 之间的单元格，然后单击【开始】选项卡中的【填充颜色】按钮，在弹出的面板中选择：紫色，强调文字颜色 4，淡色 80%。

② 用同样的方法将表格中 A2 ~ G2 单元格中的背景设置为：深蓝，文字 2，淡色 80%。

③ 选择 A1 单元格，做特殊底纹设置。右击选定底纹设置区域，在快捷菜单中单击【设置单元格格式】命令，打开“设置单元格格式”对话框，切换到【填充】选项卡，在“图案样式”下拉列表中选择 6．25% 灰色（见图 3-11），单击【确定】。设置背景颜色后的工作表效果见图 3-12。

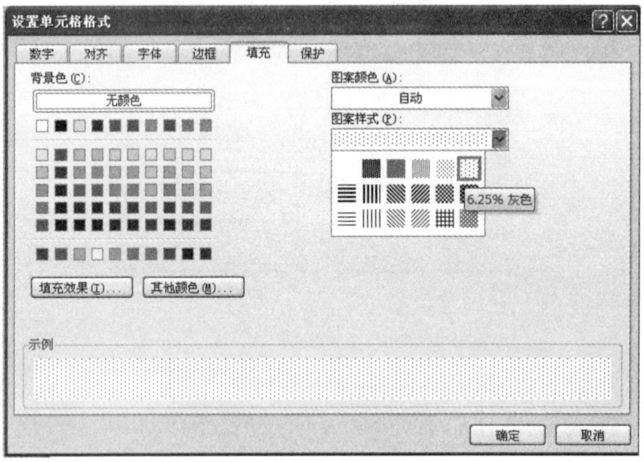

图 3-11

XX公司客户资料统计表						
客户编号	姓名	性别	电话号码	身份证号	Email地址	备注
001	王芳	女	13906947960	420819790606843735	wangfang@163.com	
002	任丹丹	女	13390760937	420819620102473981	rendandan@163.com	
003	吴启帆	男	13970238596	420819781010843741	wuqifan@163.com	
004	蔡晓兰	女	18792589684	420819660703828235	caixiaolan@163.com	
005	方悦	女	18740703739	420819800518473632	fangyue@163.com	
006	赵邦国	男	13295078507	420819830403838323	zhaobangguo@163.com	
007	董媛媛	女	13982698037	420819820905847320	dongyuany@163.com	
008	刘悦月	女	18867486900	420819740418494236	liuyuey@163.com	

图 3-12

实验二　学生成绩统计

◎学会使用 Excel 公式计算；

◎学会基本函数的使用方法；

◎能够在 Excel 中进行图表的绘制。

实验任务一　建立学生成绩统计表

Step 1　启动 Excel 2010 新建一个空白工作薄并保存为“学生成绩统计表”文件。将当前的 Sheet1 名称修改为“学生成绩统计表”并保存。

Step 2　插入 5 个新的工作表，分别命名为“高等数学”“大学英语Ⅰ”“大学体育”“计算机应用基础”和“C 语言基础”，并右击各工作表标签，在弹出的菜单中，对工作表标签设定不同的颜色以便区分（见图 3-13）。在 5 个新工作表内填入符合实际的考试成绩。

序号	学号	姓名	性别	大学英语I	备注
1	2011302736	李慧	男	87	
2	2011302738	罗翔	男	86	
3	2011302739	牟伟	男	89	
4	2011302740	穆凤	女	78	
5	2011302741	王宜	男	80	
6	2011302742	王林	男	56	
7	2011302743	王骁	男	84	
8	2011302744	谢轩	女	90	
9	2011302745	杨帆	女	76	
10	2011302747	喻明	男	70	
11	2011302748	张放	男	89	
12	2011302749	张鑫	男	88	
13	2011302750	赵江	男	89	
14	2011302751	赵新	女	91	
15	2011302752	周杨	男	80	
16	2011302753	鲁雨	男	85	

图 3-13

根据其他各科成绩表中的数据，将“学生成绩统计表”内容填充完整（见图 3-14）。

序号	学号	姓名	性别	高等数学
1	2011302736	李慧	男	87
2	2011302738	罗翔	男	89
3	2011302739	牟伟	男	80
4	2011302740	穆凤	女	70
5	2011302741	王宜	男	74
6	2011302742	王林	男	95
7	2011302743	王骁	男	90
8	2011302744	谢轩	女	88
9	2011302745	杨帆	女	78
10	2011302747	喻明	男	86
11	2011302748	张放	男	92
12	2011302749	张鑫	男	85
13	2011302750	赵江	男	91
14	2011302751	赵新	女	95
15	2011302752	周杨	男	83
16	2011302753	鲁雨	男	92

图 3-14

实验任务二　利用 Excel 公式计算总成绩

根据本实例提供的科目成绩信息，总成绩的计算公式为：总成绩 = 高等数学 + 大学英语Ⅰ + 大学体育 + 计算机应用基础 + C 语言基础。

Step 1　鼠标单击单元格 J4，在编辑栏中输入“ = E4 + F4 + G4 + H4 + I4”，按下回车键【Enter】结束输入（见图 3-15）。同样，鼠标单击单元格 J5，输入“ = E5 + F5 + G5 +

H5 + I5”，按下回车键【Enter】结束输入。依次如此，完成所有学生总成绩的计算。但是这样速度较慢，无法体现 Excel 快速完成计算的功能，可以采用 Step2 介绍的公式自动填充方法完成后续计算。

高等数学	大学英语Ⅰ	大学体育	计算机应用基础	C语言基础	总成绩	排名
87	87	83	79	=E4+F4+G4+H4+I4		
89	86	83	80	77		

图 3-15

Step 2　使用鼠标选中 J4 ~ J19 单元格，然后按下【Delete】键，删除上述计算总成绩的内容。鼠标单击单元格 J4，输入“ = E4 + F4 + G4 + H4 + I4”，按下回车键【Enter】结束输入。单击 J4 单元格，将光标移动到 J4 右下角，出现黑色十字光标（见图 3-16），此时按住鼠标左键向下拖动，从单元格 J4 拖到 J19 后松开鼠标，所有学生总成绩的计算就完成了。

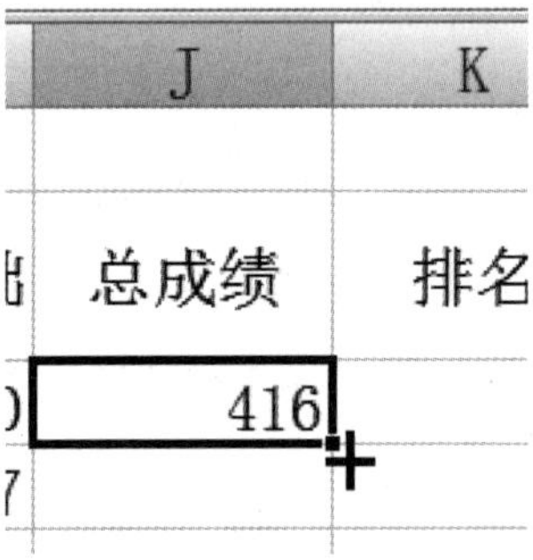

图 3-16

实验任务三　利用 Excel 函数计算分数和排名

Step 1　计算平均分。

鼠标单击 E20 单元格，点击功能区的【公式】→【插入函数】，弹出“插入函数”对话框，在“选择函数”列表中，选择“AVERAGE”函数（见图 3-17）。点击【确定】弹出“函数参数”对话框（见图 3-18），在对话框中设置参数。点击【确定】按钮，在 E20 单元格中即显示出“高等数学”的平均成绩。

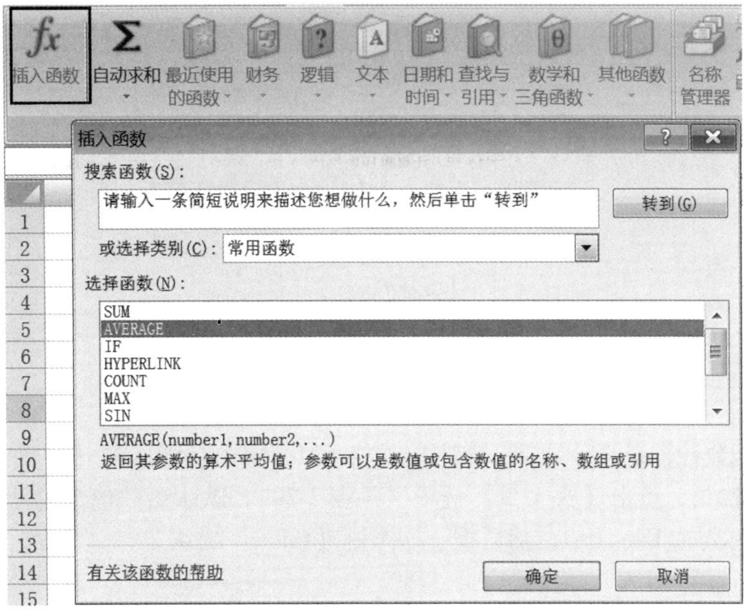

图 3-17

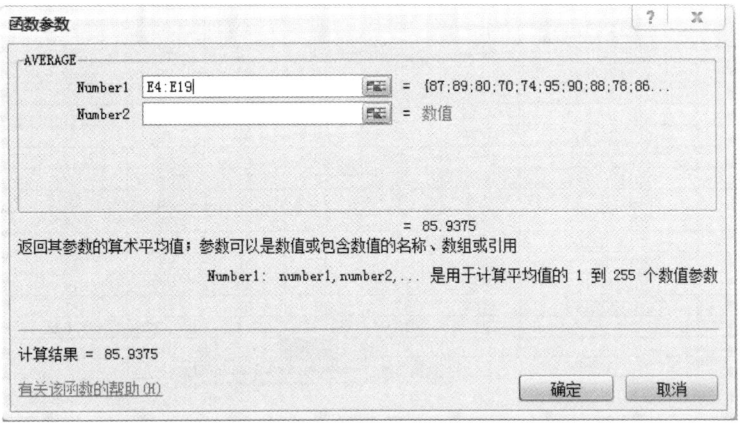

图 3-18

利用前面介绍的公式自动填充方法，将此函数复制填充到此行的其他单元格中，则系统自动在其他单元格计算出对应科目的平均分。

Step 2　计算最高分和最低分。

同计算平均分的方法同样操作，在【插入函数】对话框中选择“MAX”函数和“MIN”函数分别确定每科成绩的最高分和最低分。

注意：对于常用函数，Excel 中提供了快捷操作按钮。操作步骤为：鼠标单击函数结果存放的单元格，然后单击功能区的【公式】→【自动求和】中的下拉箭头，在弹出对话框后选择合适的函数（见图 3-19），最后选择参数区域。

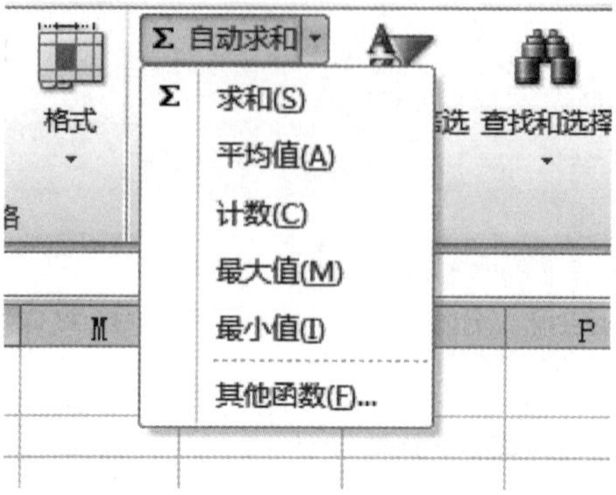

图 3-19

以 MAX 函数计算最高分为例：单击单元格 E21，单击功能区的【公式】→【自动求和】中的下拉箭头，点击【最大值】选项（见图 3-20），默认参数包含了已经计算的平均值 E20，用鼠标勾选 E4：E19，然后按下回车键【Enter】确认。

	A	B	C	D	E	F	G	H	I
1					学生成绩统计表				
2–3	序号	学号	姓名	性别	高等数学	大学英语I	大学体育	计算机应用基础	C语言基础
4	1	2011302736	李慧	男	87	87	83	79	75
5	2	2011302738	罗翔	男	89	86	83	80	77
6	3	2011302739	牟伟	男	80	89	86	88	79
7	4	2011302740	穆凤	女	70	78	86	94	88
8	5	2011302741	王宜	男	74	80	86	92	98
9	6	2011302742	王林	男	95	56	81	74	67
10	7	2011302743	王骁	男	90	84	78	72	66
11	8	2011302744	谢轩	女	88	90	79	94	87
12	9	2011302745	杨帆	女	78	76	65	72	70
13	10	2011302747	喻明	男	86	70	54	87	60
14	11	2011302748	张放	男	92	89	86	83	80
15	12	2011302749	张鑫	男	85	88	91	94	97
16	13	2011302750	赵江	男	91	89	87	85	83
17	14	2011302751	赵新	女	95	91	87	83	93
18	15	2011302752	周杨	男	83	80	77	74	71
19	16	2011302753	鲁雨	男	92	85	78	71	64
20			总计	平均分	85.9375	82.375	80.4375	82.625	78.4375
21					=MAX(E4:E20)				
22				最低分	MAX(number1, [number2], ...)				

图 3-20

Step 3　Excel 统计排名。

Excel 2010 版本中对于排名统计采用的是 RANK 函数，此函数与 Excel 2007 和早期版本兼容。RANK 函数的功能是返回某数字在一列数字中相对于其他数值的大小排名。

鼠标单击 K4 单元格，单击功能区的【公式】→【插入函数】，弹出“插入函数”对话框，选择“RANK”函数（见图 3-21）。点击【确定】按钮，弹出“函数参数”对话框，进行参数设置（见图 3-22）。

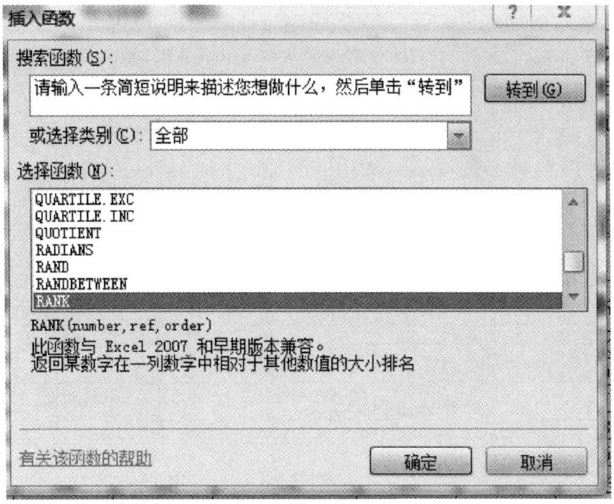

图 3-21

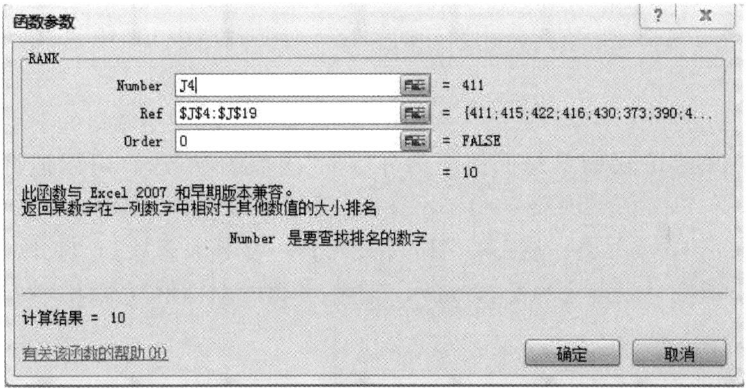

图 3-22

图 3-22 中，Number 是指需要在一列数字中进行排名的数字，当前图中需要对 J4 单元格中的数值 411 进行排名，所以此时 Number 框中填入“J4”。Ref 是对一组数或一个数据列表的排序引用，当前 Ref 中填充内容为 J4：J19，为了保证在后续自动填充过程中函数的准确性，需在行列前添加绝对引用符号“ $ ”（见图 3-22）。Order 是在数据列排名中表示升序还是降序排名的标识，如果填 0 或忽略，则是降序；如果填非零值，则是升序。这里填 0，是降序排名。

点击【确定】按钮，结束录入，采用自动填充功能完成其他成绩排名。排名结果见图 3-23。

学生成绩统计表										
序号	学号	姓名	性别	高等数学	大学英语I	大学体育	计算机应用基础	C语言基础	总成绩	排名
1	2011302736	李慧	男	87	87	83	79	75	411	10
2	2011302738	罗翔	男	89	86	83	80	77	415	9
3	2011302739	牟伟	男	80	89	86	88	79	422	7
4	2011302740	穆凤	女	70	78	86	94	88	416	8
5	2011302741	王宜	男	74	80	86	92	98	430	5
6	2011302742	王林	男	95	56	81	74	67	373	14
7	2011302743	王骁	男	90	84	78	72	66	390	11
8	2011302744	谢轩	女	88	90	79	94	87	438	3
9	2011302745	杨帆	女	78	76	74	72	70	370	15
10	2011302747	喻明	男	86	70	54	87	60	357	16
11	2011302748	张放	男	92	89	86	83	80	430	5
12	2011302749	张鑫	男	85	88	91	94	97	455	1
13	2011302750	赵江	男	91	89	87	85	83	435	4
14	2011302751	赵新	女	95	91	87	83	93	449	2
15	2011302752	周杨	男	83	80	77	74	71	385	13
16	2011302753	鲁雨	男	92	85	78	71	64	390	11
		总计	平均分	85.9375	82.375	81	82.625	78.4375		
			最高分	95	91	91	94	98		
			最低分	70	56	54	71	60		

图 3-23

Step 4　在 Excel 中进行成绩等级划分。

打开“大学体育”工作表，鼠标单击 F1 单元格，在编辑栏中输入“不及格”，对 F1 和 F2 单元格进行合并及居中。采用同样的操作，合并及居中 G1 和 G2 单元格，在其中输入“等级”。

根据 E 列提供的大学体育成绩，通过 IF 函数查找出其中不及格的学生。通过 IF 函数的嵌套使用（内层 IF 函数的返回值作为外层 IF 函数的参数），可以把百分制成绩分为“优秀”“良好”“中等”“及格”和“不及格”5 个等级。具体操作如下：

① 鼠标单击 F3 单元格，点击功能区【公式】→【插入函数】，打开“选择函数”对话框，选择 IF 函数，点击【确定】，进入“函数参数”对话框（见图 3-24）。

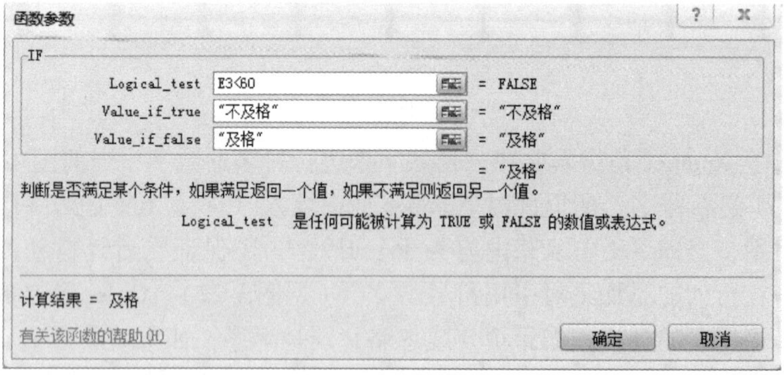

图 3-24

IF 函数用于判断是否满足某个条件，如果满足返回一个值，如果不满足返回另外一个值。其中，Logical_ test 是判断条件，是函数的第一个参数；如果第一个参数的条件成立，返回 Value_ if_ true 中的数据；如果不成立，则返回 Value_ if_ false 中的数据。

② 鼠标单击 G3 单元格，在编辑栏中输入“ = IF （E3 < 60," 不及格", IF （E3 < 70," 及格", IF （E3 < 80," 中等", IF （E3 < 90," 良好"," 优秀"))))”，点击【确定】结束输入，自动填充完成其他统计（见图 3-25）。

序号	学号	姓名	性别	大学体育	不及格	等级
1	2011302736	李慧	男	83	及格	良好
2	2011302738	罗翔	男	83	及格	良好
3	2011302739	牟伟	男	86	及格	良好
4	2011302740	穆凤	女	86	及格	良好
5	2011302741	王宜	男	86	及格	良好
6	2011302742	王林	男	81	及格	良好
7	2011302743	王骁	男	78	及格	中等
8	2011302744	谢轩	女	79	及格	中等
9	2011302745	杨帆	女	65	及格	及格
10	2011302747	喻明	男	54	不及格	不及格
11	2011302748	张放	男	86	及格	良好
12	2011302749	张鑫	男	91	及格	优秀
13	2011302750	赵江	男	87	及格	良好
14	2011302751	赵新	女	87	及格	良好
15	2011302752	周杨	男	77	及格	中等
16	2011302753	鲁雨	男	78	及格	中等

图 3-25

Step 5　在 Excel 中进行成绩区间的人数统计。

大学体育成绩及等级区间已在 Step 4 中统计获得，利用 Excel 函数可以统计各个成绩区间学生人数。

① 新建成绩分区统计表（见图 3-26），以 J1 为第一个单元格开始构建成绩分区统计表。

大学体育成绩分区统计表		
成绩区间	60以下	
	60~69	
	70~79	
	80~89	
	90以上	
等级	不及格	
	及格	
	中等	
	良好	
	优秀	

图 3-26

② 统计成绩区间人数。

单击 L2 单元格，单击功能区【公式】→【插入函数】，选择插入函数 COUNTIF 进行条件计数。参数函数设置见图 3-27。单击【确定】按钮，统计分数低于 60 的人数（COUNTIF 函数的具体含义及用法请参考相关知识点）。

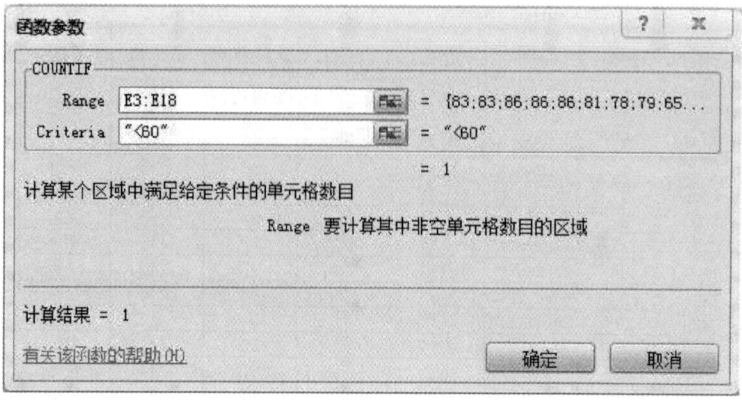

图 3-27

单击 L3 单元格，按照同样操作插入函数 COUNTIF，Range 参数不变，Criteria 参数变为“ =COUNTIF（E3：E18，" <70"） -L2”，单击【确定】按钮，即统计 60 ~69 分数区间人数。

单击 L4 单元格，按照同样操作插入函数 COUNTIF，Range 参数不变，Criteria 参数变为“ =COUNTIF（E3：E18，" <80"） -L2 -L3”，单击【确定】按钮，即统计 70 ~79 分数区间人数。

单击 L5 单元格，按照同样操作插入函数 COUNTIF，Range 参数不变，Criteria 参数变为“ =COUNTIF（E3：E18，" <90"） -L2 -L3 -L4”，单击【确定】按钮，即统计 80 ~89 分数区间人数。

单击 L6 单元格，按照同样操作插入函数 COUNTIF，Range 参数不变，Criteria 参数变为“ =COUNTIF（E3：E18，" > =90"）”，单击【确定】按钮，即统计 90 以上分数区间人数。

③ 统计各个等级人数。

单击 L7 单元格，单击功能区【公式】→【插入函数】，插入函数 COUNTIF 进行条件计数。参数设置见图 3-28，单击【确定】按钮，即统计“不及格”的人数。

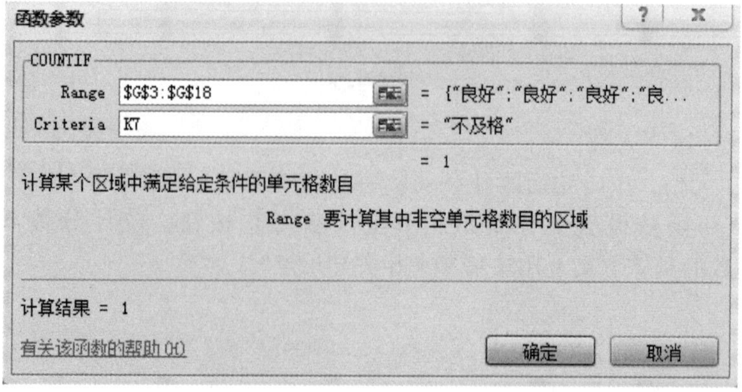

图 3-28

采用自动填充公式的方式完成其他等级人数统计（见图 3-29）。

J	K	L
大学体育成绩分区统计表		
成绩区间	60以下	1
	60~69	1
	70~79	4
	80~89	9
	90以上	1
等级	不及格	1
	及格	1
	中等	4
	良好	9
	优秀	1

图 3-29

实验任务四　制作成绩分析图表

本实验任务是对前述实验任务一中的“学生成绩统计表”进行处理，建立数据图表，便于直观分析。具体而言，一是根据“大学体育”的成绩绘制一个折线图；二是根据每位学生的总成绩，绘制一个柱状图。

Step 1　创建空白图表。鼠标单击“学生成绩统计表”任意空白单元格区域，然后单击功能区【插入】→【折线图】→【带数据标记的折线图】，启动图表绘制，获得一个空白图表。

Step 2　绘制“大学体育”的成绩折线图。单击空白图表，单击功能区【设计】→【选择数据】，打开“选择数据源”对话框（见图 3-30），点击数据区域选择按钮，按住【Ctrl】键同时配合用鼠标拖选 C2 ~ C19 和 G2 ~ G19 数据单元格区（见图 3-31），按下回车键【Enter】，此时折线图见图 3-32，点击【确定】按钮。

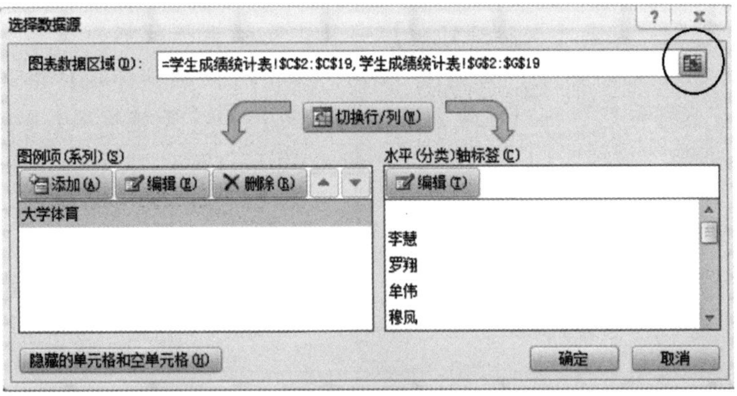

图 3-30

图 3-31

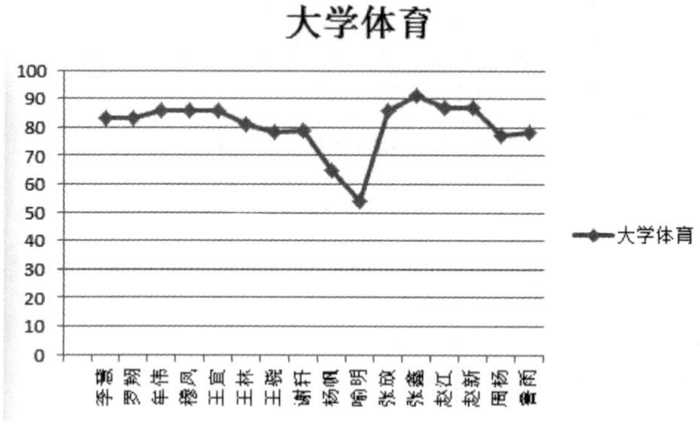

图 3-32

Step 3　折线图主要元素设置。鼠标单击折线图空白区域，点击功能区【布局】，弹出对话框，分别完成图表标题、坐标轴标题、图例、坐标轴、网格线等设置（见图 3-33）。

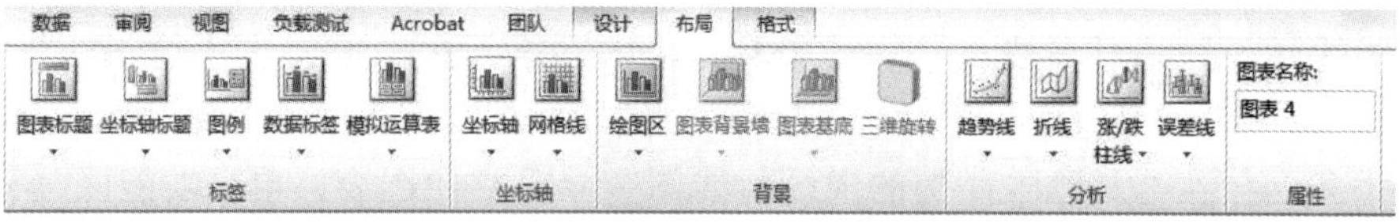

图 3-33

① 图表标题：单击【图表标题】，选择【图表上方】命令，在折线图中图表标题的位置单击鼠标，光标进入“图表标题”位置，将标题文字改为“大学体育成绩分析”。

② 坐标轴标题：点击【坐标轴标题】→【主要横坐标轴标题】→【坐标轴下方标题】，图中出现【坐标轴标题】（见图 3-34）。点击【坐标轴标题】将文字修改为“姓名”；点击【坐标轴标题】→【主要纵坐标轴标题】→【竖排标题】，点击【坐标轴标题】将文字修改为“成绩”（见图 3-35）。

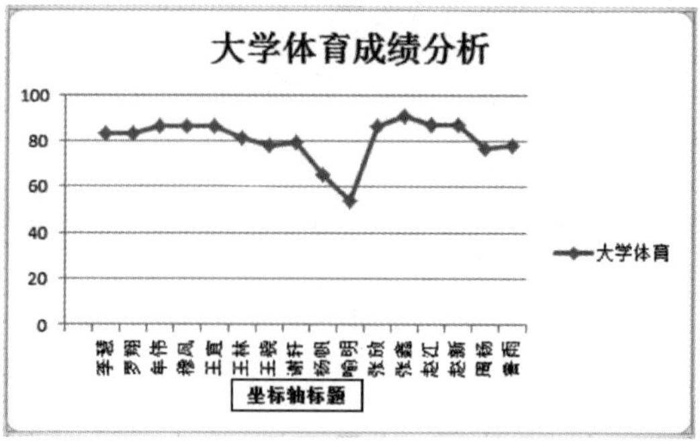

图 3-34

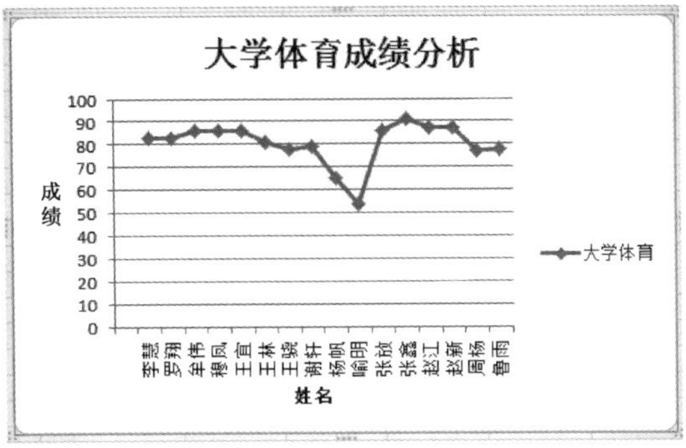

图 3-35

③ 单击【图例】可根据需要进行图例设定操作（见图 3-36）。

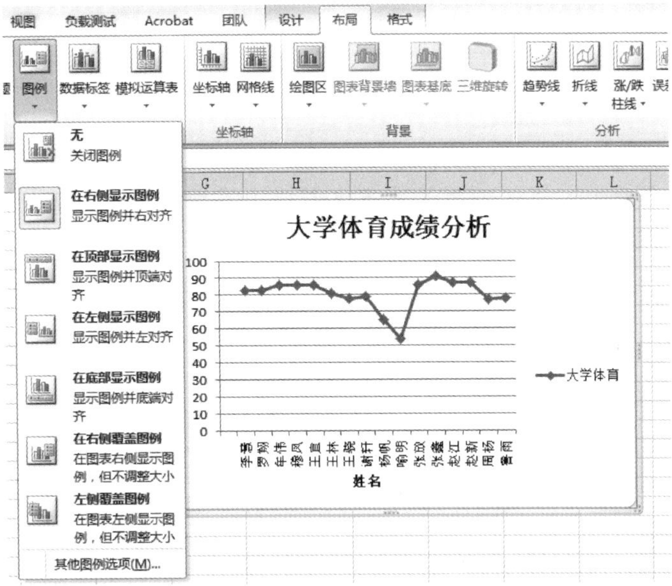

图 3-36

④ 单击【数据标签】可在折线上显示每个“成绩”数据（见图 3-37）。

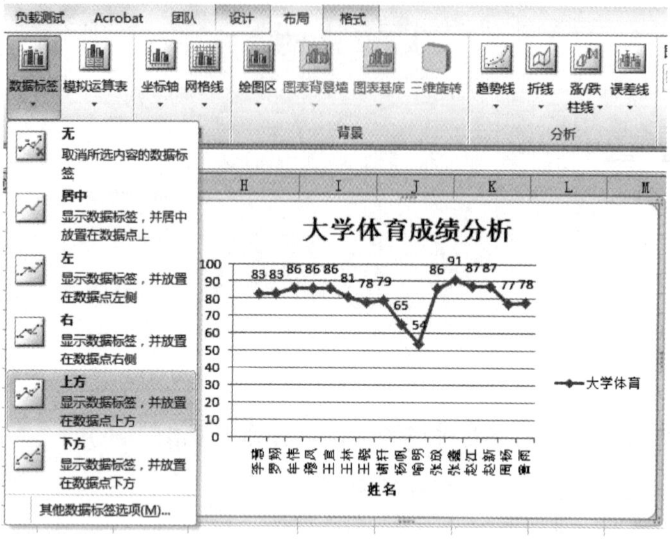

图 3-37

Step 4　图表区格式化。

① 鼠标单击图表区，将鼠标置于图表区框线边界控制点上，按住鼠标可拖曳图表区域框线移动、调整图表的大小（见图 3-38）。

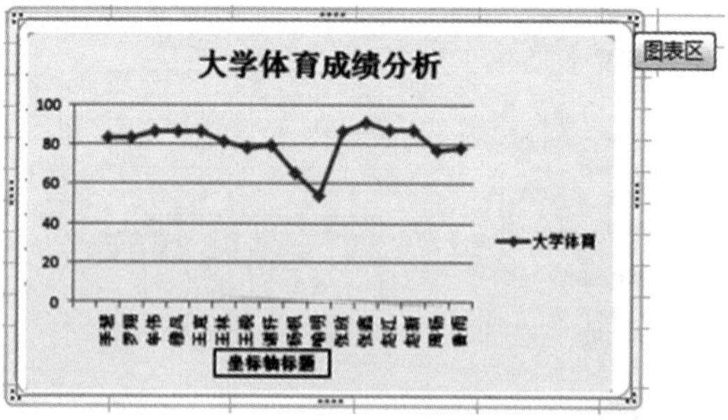

图 3-38

② 设置图表区格式。鼠标单击图表，点击功能区【格式】，在功能区【当前所选内容】中，通过选择下拉菜单选择图表对象，对图表对象进行格式设置（见图 3-39）。选择【图表区】，点击【设置所选内容格式】，在弹出的“设置图表区格式”对话框中进行设置（见图 3-40）。

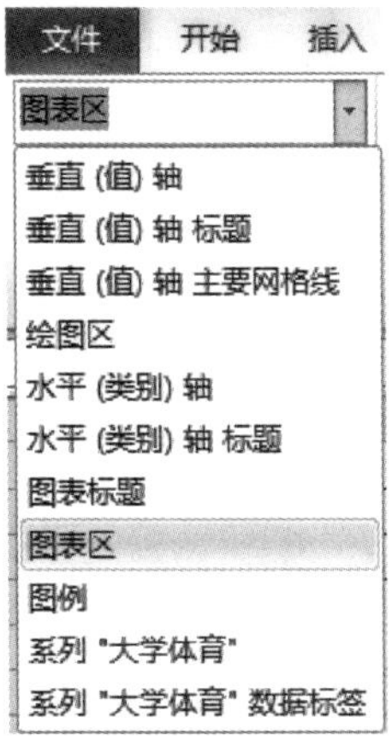

图 3-39

图 3-40

③ 设置绘图区格式。鼠标单击图表，点击功能区【格式】，在功能区【当前所选内容】下拉菜单中选择【绘图区】，点击【设置所选内容格式】，在弹出的“设置绘图区格式”对话框中进行设置（见图 3-41）。

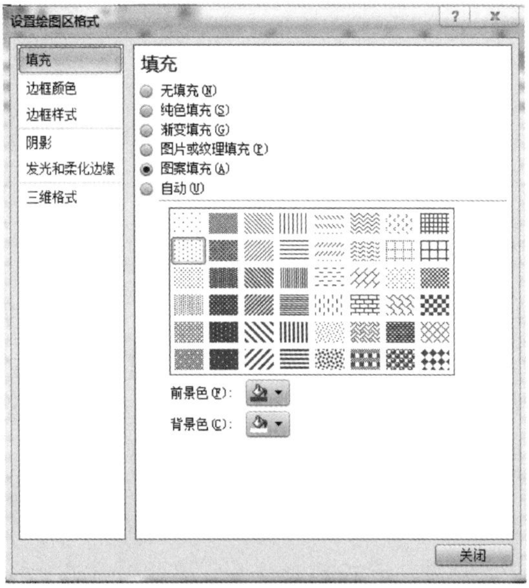

图 3-41

④ 设置折线图标题格式。鼠标单击图表，点击功能区【格式】，在功能区【当前所选内容】下拉菜单中选择【图表标题】，点击【设置所选内容格式】，在弹出的“设置图表标题格式”对话框中进行设置（见图 3-42）。

图 3-42

完成设置后的“大学体育成绩分析”折线图见图 3-43。

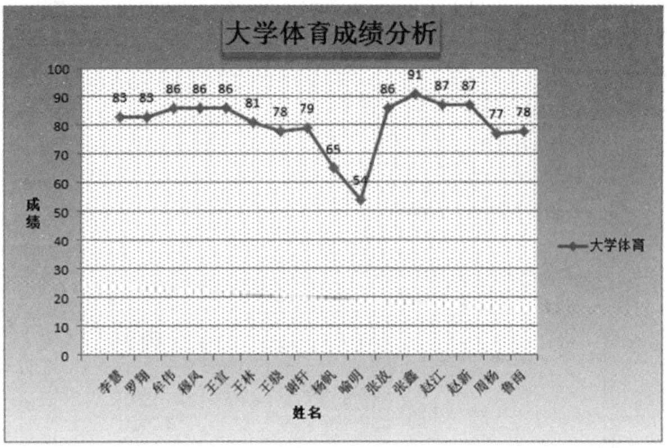

图 3-43

实验三　Excel 数据处理

◎能使用排序、筛选、分类汇总工具管理数据清单中的数据；

◎能使用数据透视表分析数据。

实验任务一　对图书销售情况进行排序

Step 1　按照“图书类别”进行单字段排序。

打开“图书公司销售情况表.xlsx”文件，在“图书销售情况表”工作表中，以“图书类别”为主要关键字进行升序排列。

① 为“图书销售情况表”工作表建立副本，用于排序操作。打开“图书销售情况表”工作簿文件，鼠标右键单击工作表标签，弹出快捷菜单（见图 3-44）。在菜单中选择【移动或复制】选项，为工作表建立副本（见图 3-45）。

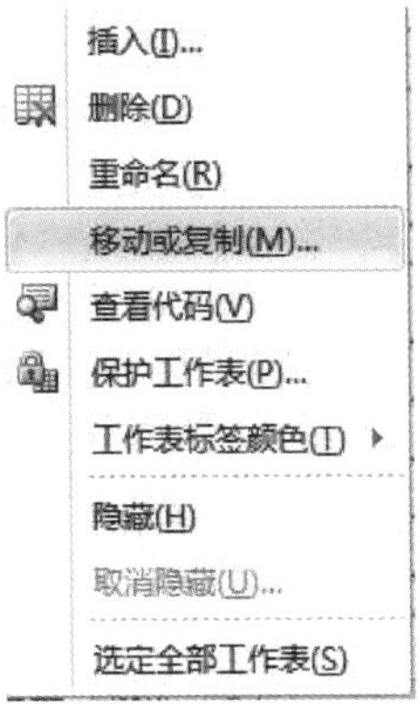

图 3-44

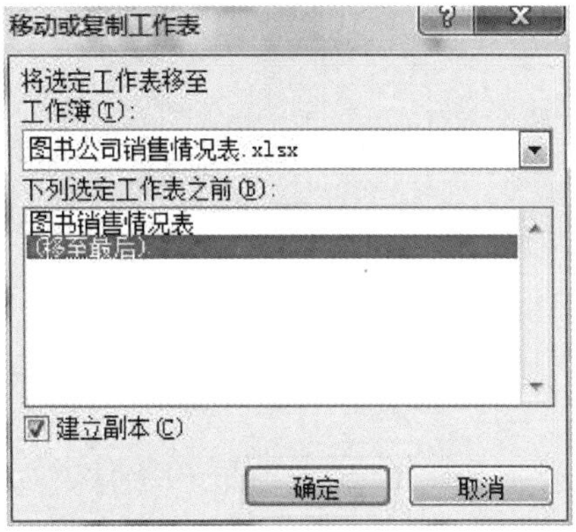

图 3-45

② 将复制的“图书销售情况表（2）”工作表重命名为“排序”，将光标定位在“图书类别”一列的任意单元格内，点击【数据】→【排序和筛选】选项组（见图 3-46）。

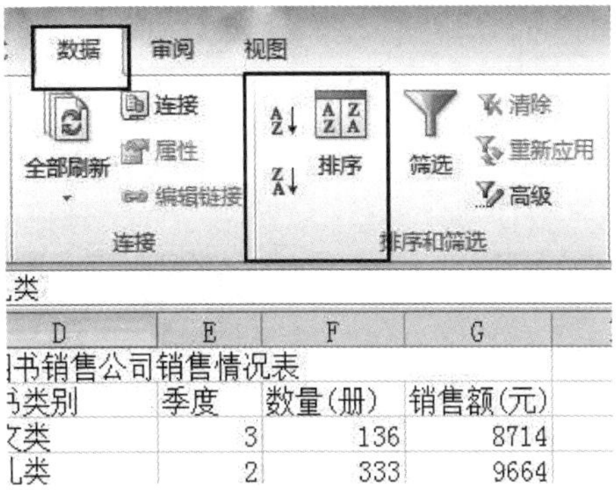

图 3-46

③ 根据任务要求对“图书类别”进行升序排列，点击【排序和筛选】选项组中的【升序】按钮，则原工作表的记录将按照“图书类别”升序排列（见图 3-47）。

	A	B	C	D	E	F
1	某图书销售公司销售情况表					
2	经销部门	销售人员	图书类别	季度	数量(册)	销售额(元)
3	3分公司	张绍辉	人文类	3	136	8714
4	2分公司	李鑫	人文类	2	268	17954
5	3分公司	张绍辉	人文类	4	169	11024
6	1分公司	尹洪	人文类	4	199	13124
7	2分公司	李鑫	人文类	4	208	13754
8	2分公司	李鑫	人文类	3	246	16414
9	2分公司	李鑫	人文类	1	218	14454
10	1分公司	尹洪	人文类	3	335	22644
11	3分公司	张绍辉	人文类	2	357	24184
12	3分公司	张绍辉	人文类	1	224	14874
13	1分公司	尹洪	人文类	1	357	24184
14	1分公司	尹洪	人文类	2	424	28874
15	3分公司	张绍辉	人文类	3	390	26494
16	3分公司	丰华	人文类	4	336	22714
17	1分公司	尹洪	人文类	4	341	23064
18	2分公司	李鑫	人文类	4	410	27894
19	3分公司	丰华	少儿类	2	333	9664
20	2分公司	徐洪涛	少儿类	1	233	6664
21	3分公司	丰华	少儿类	4	444	12994
22	1分公司	余航中	少儿类	4	354	10294
23	3分公司	丰华	少儿类	1	318	9214
24	2分公司	徐洪涛	少儿类	2	324	9394
25	1分公司	余航中	少儿类	3	377	10984
26	2分公司	徐洪涛	少儿类	4	433	12664
27	2分公司	徐洪涛	少儿类	3	555	16324
28	1分公司	余航中	少儿类	2	666	19654
29	1分公司	余航中	少儿类	1	777	22984
30	3分公司	丰华	少儿类	3	445	13024
31	1分公司	梁凯文	生活服务类	2	447	21784
32	2分公司	韩天磊	生活服务类	1	179	8384

图 3-47

Step 2　按照“图书类别”和“销售额”进行多字段排序。

① 单击工作表中任意单元格，点击【数据】→【排序和筛选】选项组，单击【排序】按钮（见图3-48）。

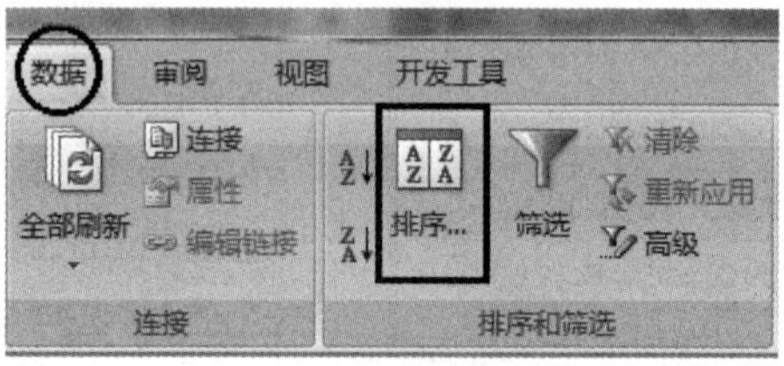

图 3-48

② 在弹出的“排序”对话框中，在【主要关键字】中选择“图书类别”，在【次序】中选择“升序”；在【次要关键字】中选择“销售额（元）”，在【次序】中选择“升序”（见图3-49）。

图 3-49

③ 点击【确定】按钮，最终排序效果见图 3-50。

	A	B	C	D	E	F
1	某图书销售公司销售情况表					
2	经销部门	销售人员	图书类别	季度	数量(册)	销售额(元)
3	3分公司	张绍辉	人文类	3	136	8714
4	3分公司	张绍辉	人文类	4	169	11024
5	1分公司	尹洪	人文类	4	199	13124
6	2分公司	李鑫	人文类	4	208	13754
7	2分公司	李鑫	人文类	1	218	14454
8	3分公司	张绍辉	人文类	1	224	14874
9	2分公司	李鑫	人文类	3	246	16414
10	2分公司	李鑫	人文类	2	268	17954
11	1分公司	尹洪	人文类	3	335	22644
12	3分公司	丰华	人文类	4	336	22714
13	1分公司	尹洪	人文类	4	341	23064
14	3分公司	张绍辉	人文类	2	357	24184
15	1分公司	尹洪	人文类	1	357	24184
16	3分公司	张绍辉	人文类	3	390	26494
17	2分公司	李鑫	人文类	4	410	27894
18	1分公司	尹洪	人文类	2	424	28874
19	2分公司	徐洪涛	少儿类	1	233	6664
20	3分公司	丰华	少儿类	1	318	9214
21	2分公司	徐洪涛	少儿类	2	324	9394
22	3分公司	丰华	少儿类	2	333	9664
23	1分公司	余航中	少儿类	4	354	10294
24	1分公司	余航中	少儿类	3	377	10984
25	2分公司	徐洪涛	少儿类	4	433	12664
26	3分公司	丰华	少儿类	4	444	12994
27	3分公司	丰华	少儿类	3	445	13024
28	2分公司	徐洪涛	少儿类	3	555	16324
29	1分公司	余航中	少儿类	2	666	19654
30	1分公司	余航中	少儿类	1	777	22984
31	3分公司	刘伟	生活服务类	2	254	7294
32	2分公司	[illegible]	生活服务类	1	179	8384

图 3-50

实验任务二 对销售数据进行自动筛选

Step 1 为“图书销售情况表”工作表建立副本，用于筛选操作。鼠标右键单击“图书销售情况表”工作表标签，弹出快捷菜单，在菜单中选择【移动或复制】选项，为工作表建立副本，并重命名为“筛选”（见图 3-51）。

Step 2 将光标定位在“筛选”工作表中任意单元格，点击【数据】→【排序和筛选】

选项组中的【筛选】按钮（见图3-52）。

图3-51

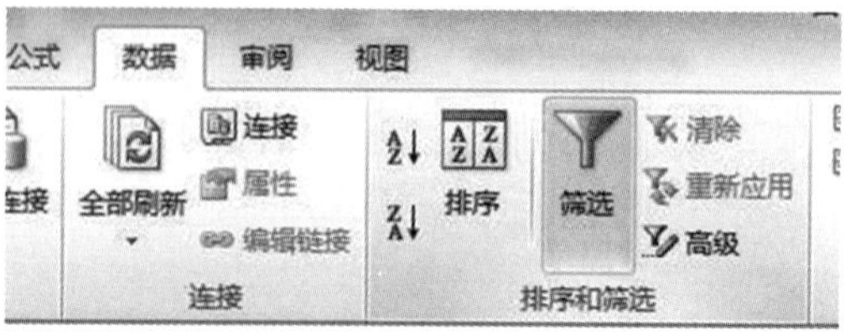

图3-52

Step 3　单击“图书类别”右侧的筛选按钮箭头，在下拉列表中单击【（全选）】，再单击【生活服务类】（见图3-53），最后单击【确定】按钮。

Step 4　单击“销售额（元）”右侧的筛选按钮箭头，在下拉列表的【数字筛选】中选择“大于”（见图3-54）。

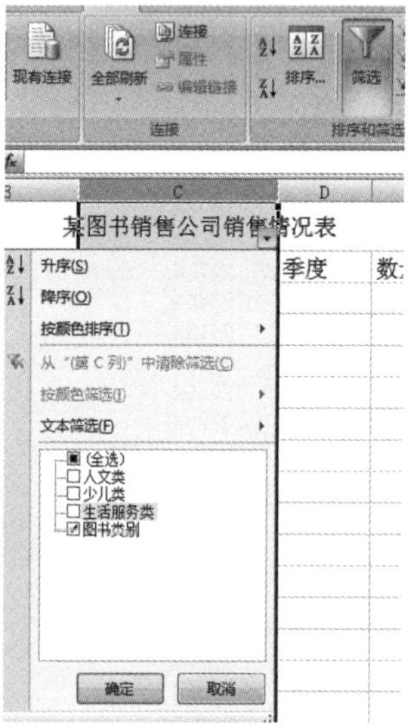

图3-53

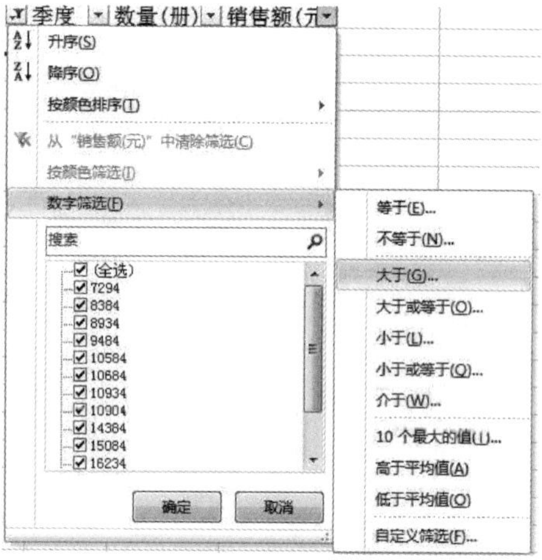

图3-54

Step 5　在弹出的“自定义自动筛选方式”对话框中，设置销售额大于10000（见图3-55），点击【确定】按钮，就可以完成销售额大于10000元的记录筛选。

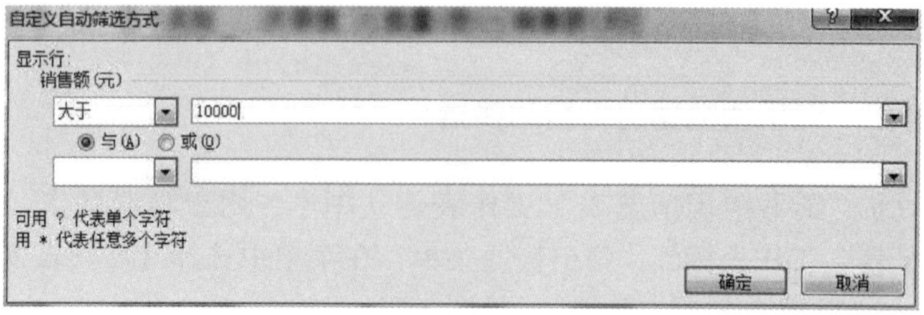

图3-55

实验任务三　按照图书类别进行分类汇总

Step 1　为“图书销售情况表”工作表建立副本，用于分类汇总操作。鼠标右键单击“图书销售情况表”工作表标签，弹出快捷菜单，在菜单中选择【移动或复制】选项，为工作表建立副本，并重命名为“分类汇总”。

Step 2　将光标定位在“图书类别”一列任意单元格，按照图书类别进行升序排列。

Step 3　选择【数据】→【分级显示】选项组，点击【分类汇总】按钮（见图3-56）。

Step 4　在弹出的“分类汇总”对话框中，【分类字段】选择“图书类别”，【汇总方式】选择“求和”，【选定汇总项】选择“销售额（元）”（见图3-57），点击【确定】按钮就可以完成数据的分类汇总。

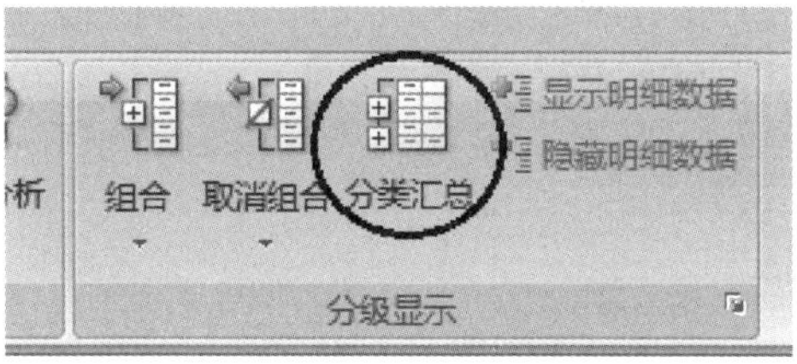

图 3-56

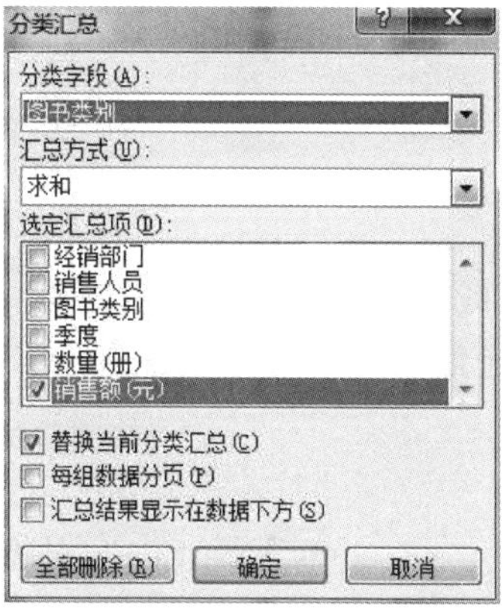

图 3-57

实验任务四　制作数据透视表

Step 1　统计每位销售人员的销售额。

① 打开“图书销售情况表”工作表，单击数据表中任意单元格，点击【插入】→【数据透视表】选项，弹出“创建数据透视表”对话框（见图3-58）。

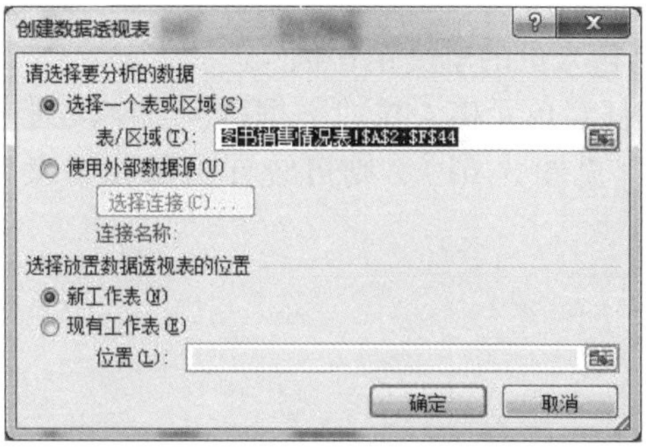

图 3-58

② 选择需要分析的数据区域和放置数据透视表的位置，单击【确定】按钮即显示字段列表（见图3-59）。

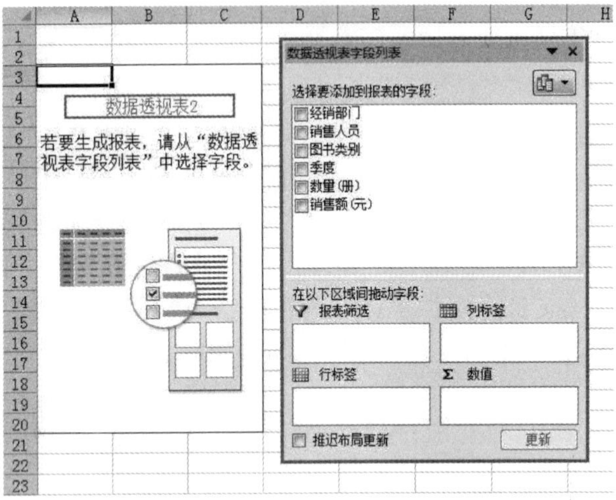

图 3-59

③ 将“销售人员”字段拖至“行标签”处，将“销售额（元）”字段拖至“数值”处，即统计出每位销售人员的销售额（见图3-60）。

行标签	求和项:销售额(元)
丰华	67610
韩天磊	49820
李鑫	90470
梁凯文	80886
刘伟	56930
徐洪涛	45046
尹洪	111890
余航中	63916
张绍辉	85290
总计	**651858**

图 3-60

Step 2　统计每位销售人员的季度销售额。

单击数据透视表中的任意单元格，在“数据透视表字段列表”对话框中，将“季度”字段拖至“列标签”处（见图3-61），则可统计出每位销售人员的季度销售额（见图3-62）。

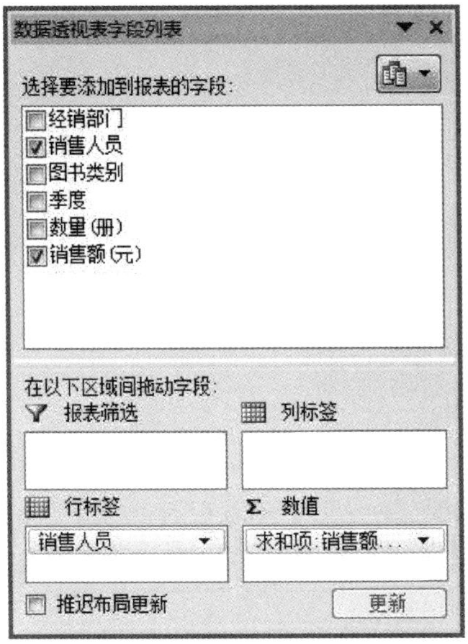

图 3-61

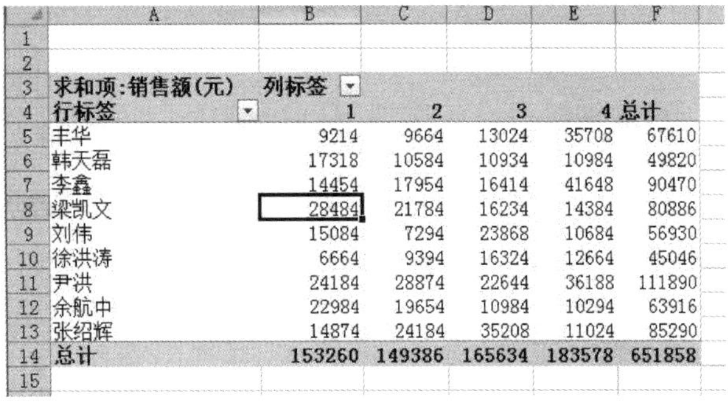

求和项:销售额(元)	列标签				
行标签	1	2	3	4	总计
丰华	9214	9664	13024	35708	67610
韩天磊	17318	10584	10934	10984	49820
李鑫	14454	17954	16414	41648	90470
梁凯文	28484	21784	16234	14384	80886
刘伟	15084	7294	23868	10684	56930
徐洪涛	6664	9394	16324	12664	45046
尹洪	24184	28874	22644	36188	111890
余航中	22984	19654	10984	10294	63916
张绍辉	14874	24184	35208	11024	85290
总计	153260	149386	165634	183578	651858

图 3-62

Step 3　计算每位销售人员的销售金额占总销售额的百分比。

单击图 3-62 的表中的任意数值，切换到【选项】选项卡，在【计算】选项组中单击【值显示方式】(见图 3-63)，在下拉列表中选择“列汇总的百分比”，则可显示出每位销售人员的销售金额占总销售额的百分比结果（见图 3-64）。

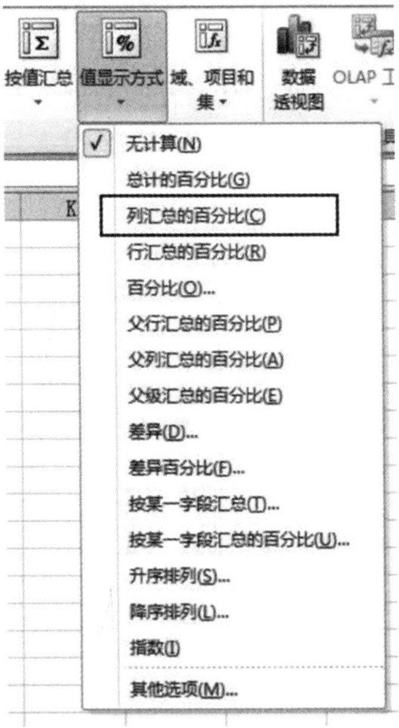

图 3-63

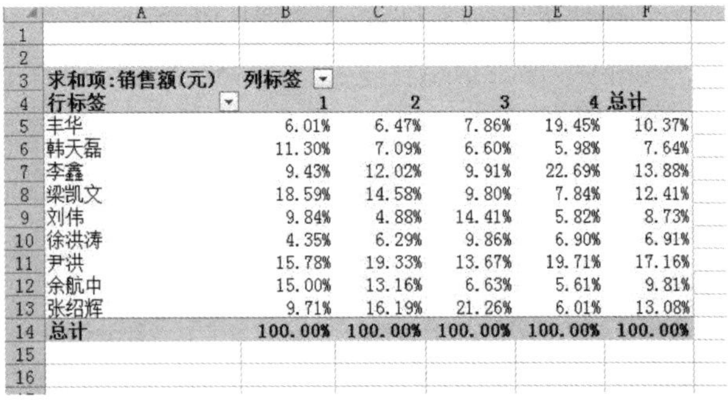

求和项:销售额(元)	列标签				
行标签	1	2	3	4	总计
丰华	6.01%	6.47%	7.86%	19.45%	10.37%
韩天磊	11.30%	7.09%	6.60%	5.98%	7.64%
李鑫	9.43%	12.02%	9.91%	22.69%	13.88%
梁凯文	18.59%	14.58%	9.80%	7.84%	12.41%
刘伟	9.84%	4.88%	14.41%	5.82%	8.73%
徐洪涛	4.35%	6.29%	9.86%	6.90%	6.91%
尹洪	15.78%	19.33%	13.67%	19.71%	17.16%
余航中	15.00%	13.16%	6.63%	5.61%	9.81%
张绍辉	9.71%	16.19%	21.26%	6.01%	13.08%
总计	100.00%	100.00%	100.00%	100.00%	100.00%

图 3-64

实验四　Excel 高级函数的应用（拓展训练）

◎学会利用 VLOOKUP 函数查找数据；

◎了解 ISERROR 函数的用法。

实验任务一　处理菜品原始销售数据表

Step 1　利用 VLOOKUP 函数创建查找菜品名称的公式。

① 在“菜品原始销售数据”工作表中，点击【公式】→【查找与引用选项】，在下拉菜单中选择 VLOOKUP 函数，在“函数参数”对话框中设置参数，可以将各菜品名称从“菜品价格”工作表中查询出来：

E2 = VLOOKUP（C2，菜品价格！ $ A $ 2： $ D $ 37，2，FALSE）

② 利用自动填充功能，将 E 列其他菜品名称从“菜品价格”工作表中查找出来（见图 3-65）。

C	D	E	F	G
代号	类别	菜名	数量	价格
t6	特色菜	东坡豆腐	11	
d8	大众小炒	宫爆鸡丁	11	
g4	锅仔类	锅仔凉瓜排骨	3	
g3	锅仔类	锅仔酸菜白肉	13	
g2	锅仔类	锅仔鱼丸豆腐	7	
d3	大众小炒	红烧豆腐	5	
l4	凉菜	花仁肚丁	3	
d7	大众小炒	尖椒土豆丝	5	
t9	特色菜	烤牛肉	5	
d2	大众小炒	口蘑豆腐	7	
l3	凉菜	老虎菜	9	
l2	凉菜	麻辣豆皮	11	
d1	大众小炒	麻婆豆腐	7	
d11	大众小炒	木须肉	13	
l1	凉菜	皮蛋豆腐	13	
t1	特色菜	乾隆土豆包	45	
l7	凉菜	三丝拌蜇皮	3	
l6	凉菜	山东拉皮	7	
t5	特色菜	双椒爆鸭片	3	
t8	特色菜	蒜香鸡翅	9	
d9	大众小炒	碎米鸡脯	7	
d10	大众小炒	糖醋里脊	11	
d5	大众小炒	小雏鸡炖土豆	3	
d4	大众小炒	小炖肉烩白菜	15	
t7	特色菜	鸭丁土豆丁	3	
t2	特色菜	烟熏肘花	3	

图 3-65

Step 2　创建“菜品价格”的查找公式。

① 在“菜品原始销售数据”工作表中，利用 VLOOKUP 函数将各菜品价格从“菜品价格”工作表中查询出来：

G2 = VLOOKUP（C2，菜品价格！ $ A $ 2： $ D $ 37，3，FALSE）

② 利用自动填充功能，将 G 列其他菜品价格从“菜品价格”工作表中查找出来（见图 3-66）。

C	D	E	F	G
代号	类别	菜名	数里	价格
t6	特色菜	东坡豆腐	11	8
d8	大众小炒	宫爆鸡丁	11	8
g4	锅仔类	锅仔凉瓜排骨	3	18
g3	锅仔类	锅仔酸菜白肉	13	12
g2	锅仔类	锅仔鱼丸豆腐	7	12
d3	大众小炒	红烧豆腐	5	6
l4	凉菜	花仁肚丁	3	10
d7	大众小炒	尖椒土豆丝	5	4
t9	特色菜	烤牛肉	5	16
d2	大众小炒	口蘑豆腐	7	6
l3	凉菜	老虎菜	9	4
l2	凉菜	麻辣豆皮	11	4
d1	大众小炒	麻婆豆腐	7	6
d11	大众小炒	木须肉	13	6
l1	凉菜	皮蛋豆腐	13	4
t1	特色菜	乾隆土豆包	45	8
l7	凉菜	三丝拌蜇皮	3	10
l6	凉菜	山东拉皮	7	6
t5	特色菜	双椒爆鸭片	3	16
t8	特色菜	蒜香鸡翅	9	18
d9	大众小炒	碎米鸡脯	7	8
d10	大众小炒	糖醋里脊	11	10
d5	大众小炒	小雏鸡炖土豆	3	14
d4	大众小炒	小炖肉烩白菜	15	10
t7	特色菜	鸭丁土豆丁	3	12
t2	特色菜	烟熏肘花	3	18
d6	大众小炒	鱼香肉丝	23	8

图 3-66

Step 3　计算菜品销售金额。销售金额 = 价格 * 数量：H2 = F2 * H2。

Step 4　计算菜品重要性等级。如果销售数量小于 5 份，则等级为“不重要”；大于 5 份且小于 15 份，则等级为“一般”；销售数量大于 15 份，则等级为“受欢迎”（见图 3-67）。函数计算参数设置：

I2 = IF（F2 > = 15，”受欢迎”，IF（F2 > = 5，”一般”，”不重要”）

C	D	E	F	G	H	I
代号	类别	菜名	数里	价格	金额	等级
t6	特色菜	东坡豆腐	11	8	88	一般
d8	大众小炒	宫爆鸡丁	11	8	88	一般
g4	锅仔类	锅仔凉瓜排骨	3	18	54	不重要
g3	锅仔类	锅仔酸菜白肉	13	12	156	一般
g2	锅仔类	锅仔鱼丸豆腐	7	12	84	一般
d3	大众小炒	红烧豆腐	5	6	30	一般
l4	凉菜	花仁肚丁	3	10	30	不重要
d7	大众小炒	尖椒土豆丝	5	4	20	一般
t9	特色菜	烤牛肉	5	16	80	一般
d2	大众小炒	口蘑豆腐	7	6	42	一般
l3	凉菜	老虎菜	9	4	36	一般
l2	凉菜	麻辣豆皮	11	4	44	一般
d1	大众小炒	麻婆豆腐	7	6	42	一般
d11	大众小炒	木须肉	13	6	78	一般
l1	凉菜	皮蛋豆腐	13	4	52	一般
t1	特色菜	乾隆土豆包	45	8	360	受欢迎
l7	凉菜	三丝拌蜇皮	3	10	30	不重要

图 3-67

实验任务二　利用ISERROR函数处理#N/A错误值

实验任务一应用VLOOKUP函数查找了“菜品原始销售数据”工作表中C2单元格中“菜品价格”，但如果把C2单元格中的菜品代号删除以后，就看到E2、G2、H2单元格中均返回错误值“#N/A”。

VLOOKUP函数能不能在“菜品价格”工作表中没有找到C2单元格中的菜品代号时不返回错误值“#N/A”，而只是什么都不显示（即显示空格）呢?

解决方法是点击【公式】→【逻辑】选项，利用IF函数和ISERROR函数来处理错误值。

ISERROR（value）函数：当变量value是错误值“#N/A”时，返回逻辑值真（TRUE）。因此，当它与IF函数结合一起使用时，可以在公式中查出错误值。

因此，当查找菜品名称时，上面的问题变成：如果当VLOOKUP（C2，菜品价格！A2：D37，2，FALSE）返回错误值的话，则在E2单元格显示空字符串；如果工作正常，则在E2单元格中显示菜品对应的名称。

此时，E2=IF（ISERROR（VLOOKUP（C2，菜品价格！A2：D37，2，FALSE)),"",VLOOKUP（C2，菜品价格！A2：D37，2，FALSE）。这样就利用IF和ISERROR函数，使“价格”“金额”两列的值在没有输入菜品代号时，不显示错误值（见图3-68）。

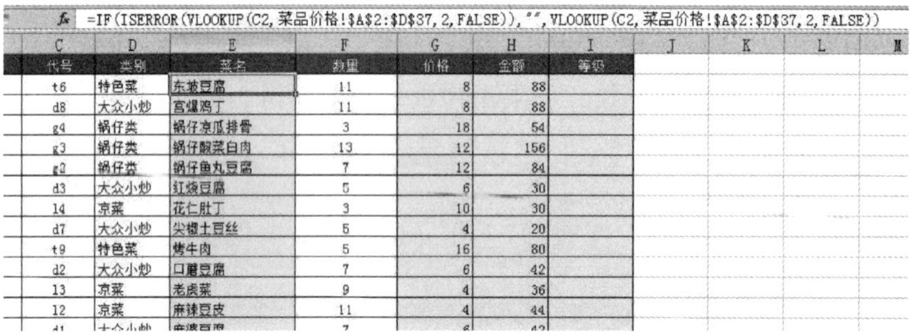

图3-68

实验任务三　统计菜品数量

Step 1　新建一个工作表，命名为“菜品统计和查询”。

Step 2　在B1单元格输入“一周菜品销售查询系统”，并设置字体为隶书，16磅，加粗，绿色。

Step 3　在B2单元格输入“请选择菜品名称”；B3单元格输入“销售数量”，并按照图3-69所示设置表格边框和底纹。

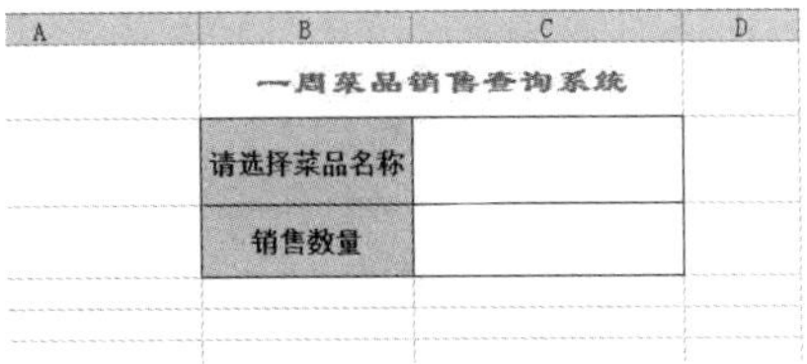

图 3-69

Step 4　利用“数据有效性”制作下拉菜单，为 C2 单元格设置数据有效性（见图 3-70）。

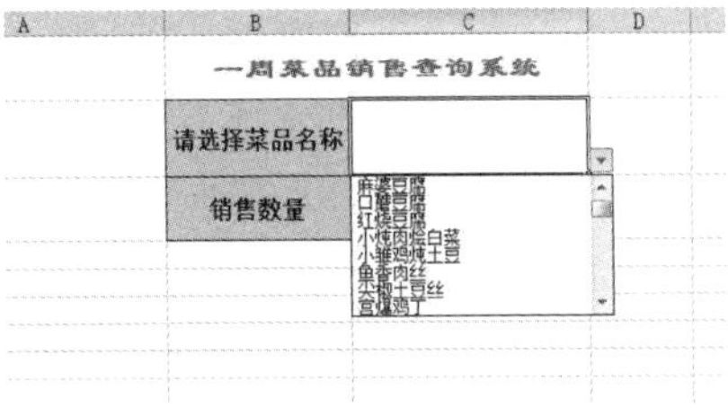

图 3-70

Step 5　统计销售数量。

C3 = SUMIF（'菜品原始销售数据 '！E2：E138,'菜品统计和查询 '！C2,'菜品原始销售数据 '！F2：F138）

注意： SUMIF 函数的功能是对区域中符合指定条件的值求和。例如，公式 = SUMIF（A2：A5，300，B2：B5），表示对单元格区域 B2 ~ B5 中与单元格区域 A2 ~ A5 中等于 300 的单元格对应的值求和）。

实验任务四　统计菜品受欢迎程度

在“菜品统计和查询”工作表中，统计各类菜品受欢迎程度。

Step 1　在 F1 单元格输入“各类菜品数量统计（星期一）”，并设置字体为隶书，16 磅，加粗，绿色。

Step 2　在 F2 ~ F5 单元格中分别输入“菜品等级”“受欢迎菜品”“一般菜品”“不重要菜品”，在 G2 单元格输入“数量”，并按照图 3-71 所示设置表格边框和底纹。

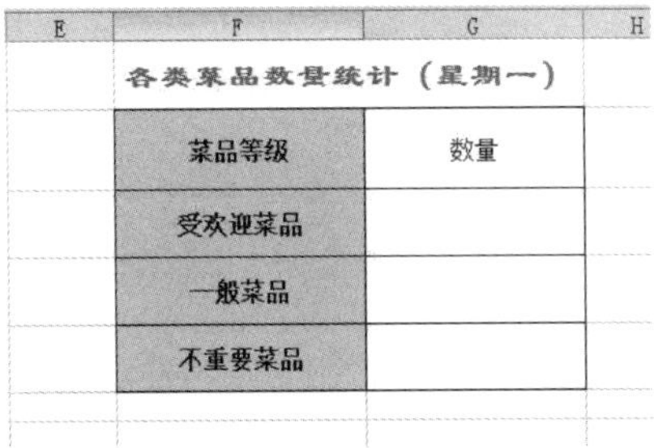

图 3-71

Step 3　计算受欢迎菜品数量：

G3 = COUNTIF（'菜品原始销售数据'！I2：I28,"受欢迎"）

Step 4　计算一般菜品数量：

G4 = COUNTIF（'菜品原始销售数据'！I2：I28,"一般"）

Step 5　计算不重要菜品数量：

G5 = COUNTIF（'菜品原始销售数据'！I2：I28,"不重要"）

项目四

PowerPoint 2010 演示文稿制作

实验一　演示文稿的简单制作

◎掌握演示文稿的基本操作命令；
◎掌握演示文稿的文字编辑方法，在演示文稿中添加各种样式的文字。

实验任务一　创建演示文档

Step 1　单击 Windows 系统的【开始】按钮，在菜单中选择【所有程序】→【Microsoft Office】→【Microsoft PowerPoint 2010】命令，可启动 PowerPoint 2010。进入程序后，选择【文件】→【新建】→【空白演示文稿】，单击【创建】按钮即可创建空白演示文稿（见图 4-1）。

图 4-1

Step 2　在打开的“我的演示文稿”文件中，点击【开始】→【新建幻灯片】，选择“仅标题”主题（见图 4-2），将新建的“仅标题”演示文档拖拽到第 1 张幻灯片之前。

图 4-2

Step 3　在第 1 张幻灯片的标题处输入文字“有城院有未来”，字体格式为“黑体，54 磅，红色，加粗”（见图 4-3）。

图 4-3

Step 4　选择“标题和内容”主题，创建第 2 张幻灯片，并在第 2 张幻灯片的标题处输入文字“大展宏图”，字体格式为“楷体，48 磅，橙色”。在内容处输入“故天将降大任于是人也，必先苦其心志，劳其筋骨，饿其体肤，空乏其身，行拂乱其所为，所以动心忍性，曾益其所不能。”，字体格式为“宋体，36 磅，黑色”（见图 4-4）。

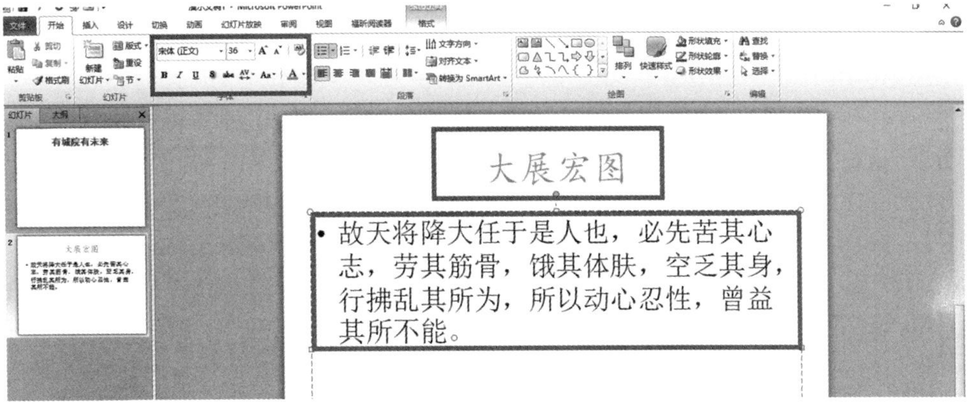

图 4-4

Step 5　选择“标题和竖排文字”主题，创建第 3 张幻灯片，标题框内输入文字“仰望星空，脚踏实地”，并在下面的文本区域输入你对自己未来的期许，内容及格式自定，改为“标题与竖排文本”（见图 4-5）。

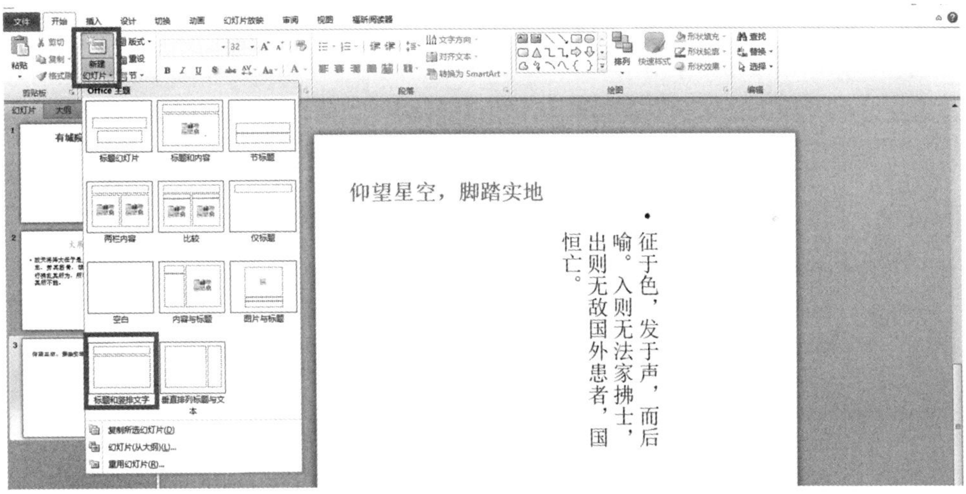

图 4-5

创建的主题幻灯片效果见图 4-6。

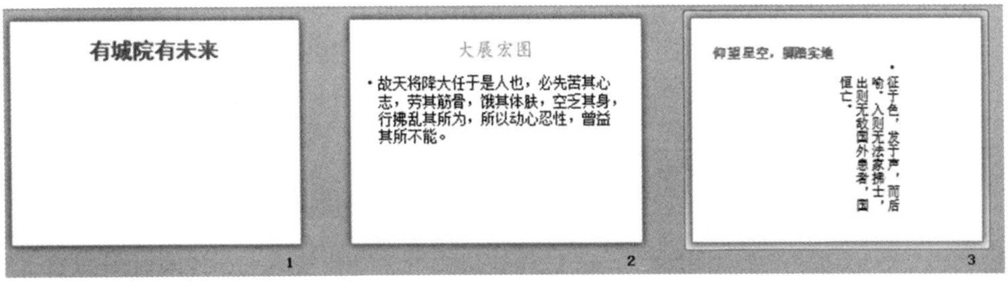

图 4-6

实验任务二　打开并保存演示文稿

Step 1　打开电脑，在桌面上找到“Microsoft Office PowerPoint 2010”快捷图标后双击或者单击鼠标右键（见图 4-7），即可打开演示文档。

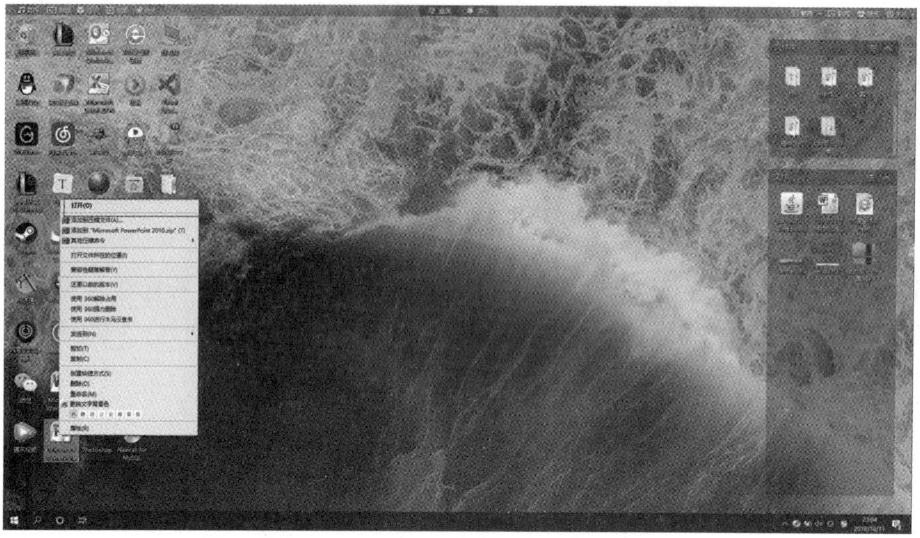

图 4-7

Step 2　点击页面左上角的【文件】（见图 4-8），此时显示有【保存】和【另存为】（见图 4-9），点击【保存】或【另存为】，弹出“另存为”对话框，将文档存在自己想存入的区域后，点击【保存】即可保存演示文档（见图 4-10）。

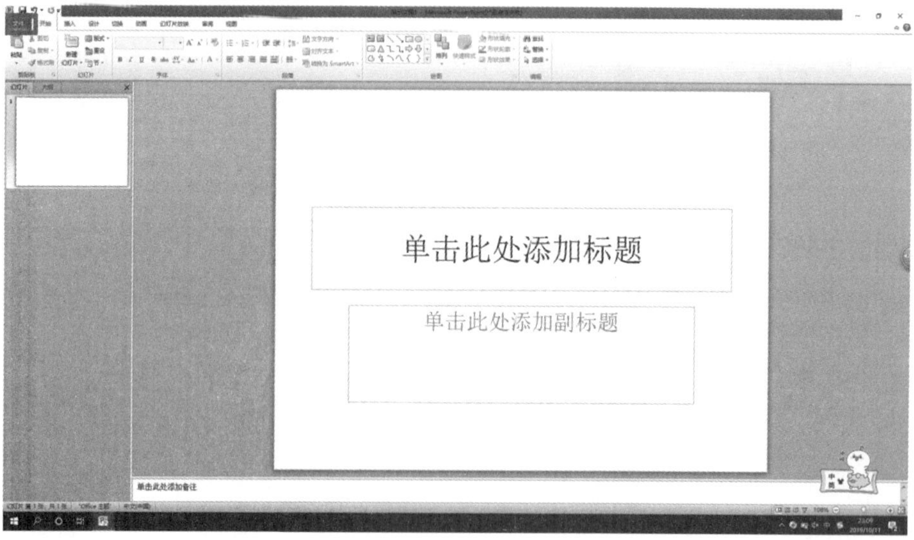

图 4-8

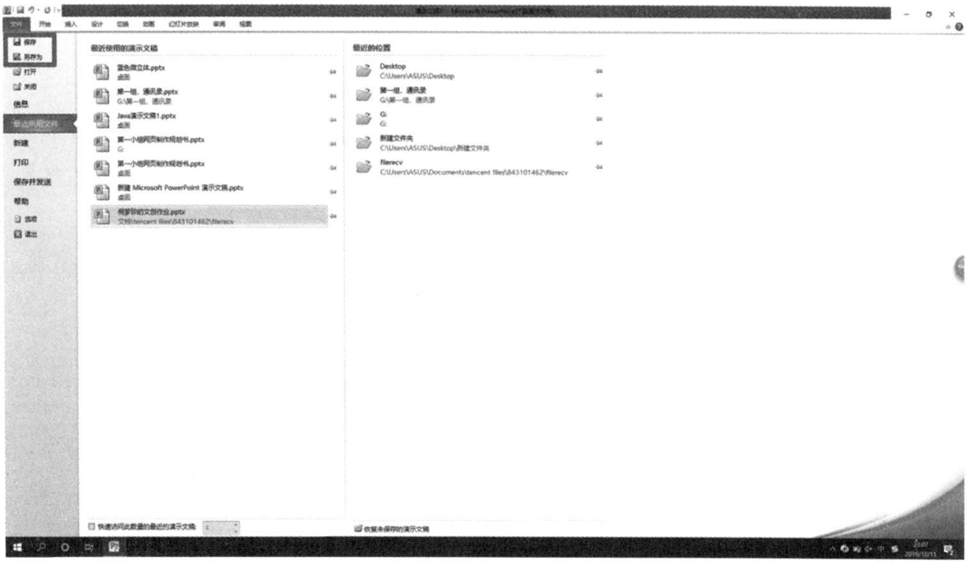

图 4-9

图 4-10

实验二　主题、母版、版式操作

◎掌握主题、母版、版式和占位符等基本概念，了解它们的用途并掌握其使用方法；

◎掌握将幻灯片保存为不同格式的方法。

实验任务一　应用主题快速美化演示文稿

Step 1　单击【开始】→【所有程序】→【Microsoft Office】→【Microsoft PowerPoint 2010】命令，启动 PowerPoint 2010；选择【文件】→【新建】→【空白演示文稿】，单击【创建】按钮，创建空白演示文稿。

Step 2　单击【设计】选项卡，在打开的【主题】组中，选择自己喜欢的主题。如果未出现所需主题，则单击【主题】组旁边的下拉箭头，打开主题库（见图 4-11）。

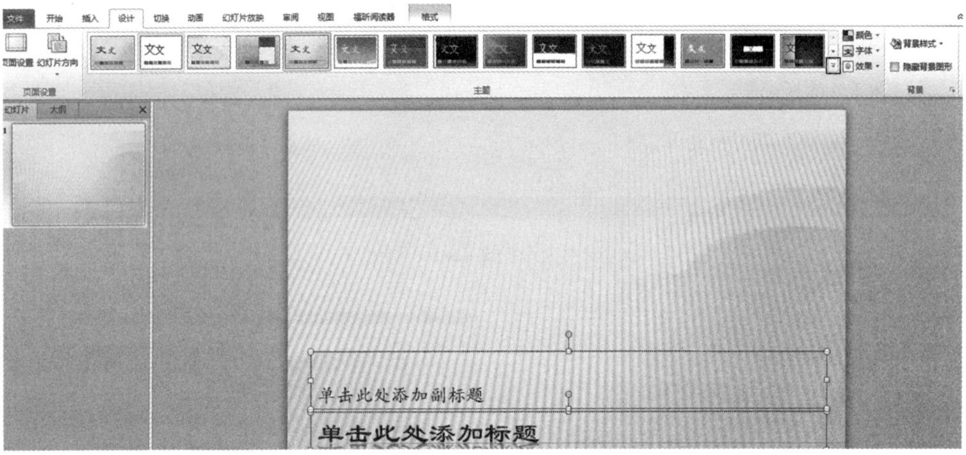

图 4-11

Step 3　本实例应用主题库中的【跋涉】主题。右击【跋涉】主题，在弹出的快捷菜单中选择【应用于所有幻灯片】命令（见图 4-12）。

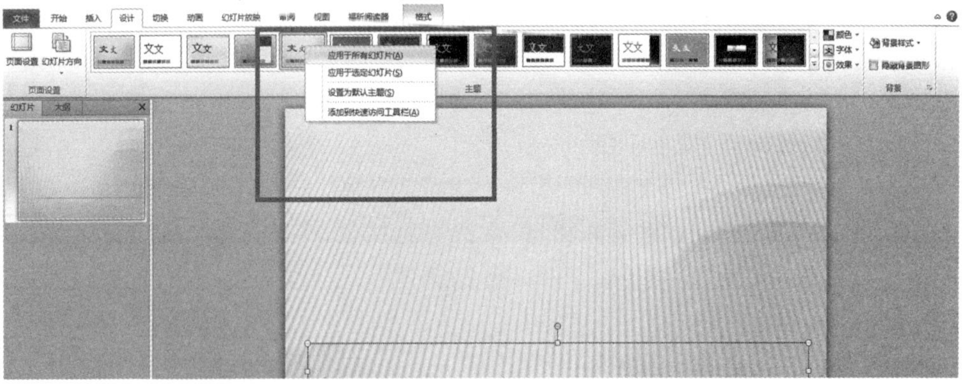

图 4-12

Step 4　应用【跋涉】主题后，为它更改新的个性颜色。点击右上角的【颜色】进行修改（见图 4-13）。

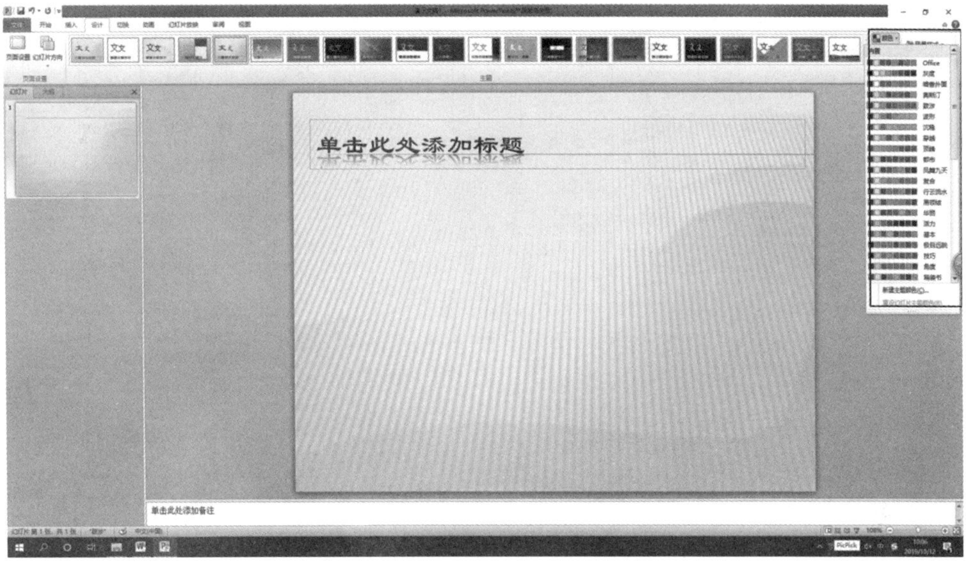

图 4-13

Step 5 点击右上角的【文字】进行文字样式修改和重新选择（见图 4-14）。

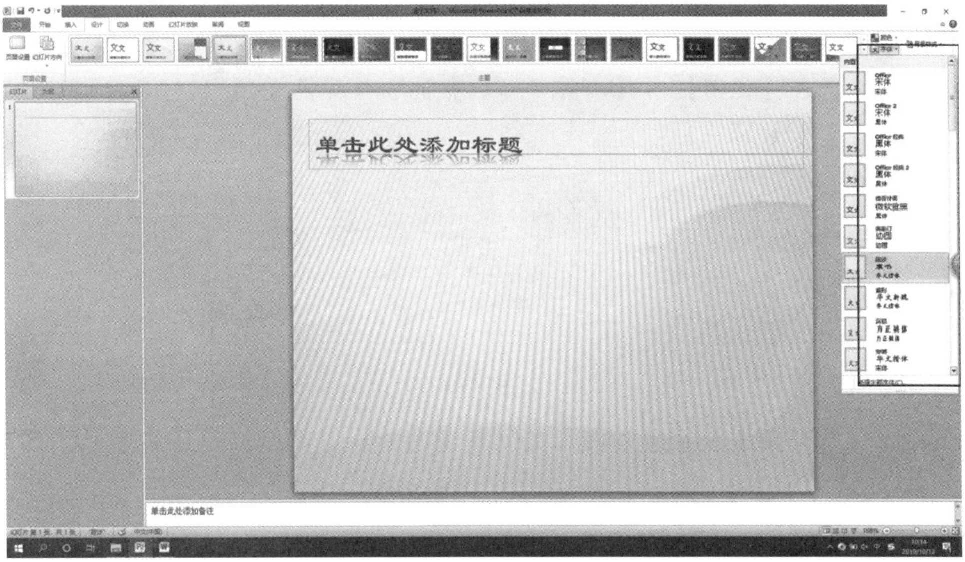

图 4-14

Step 6 点击右上角的【效果】进行效果修改和重新选择（见图 4-15）。

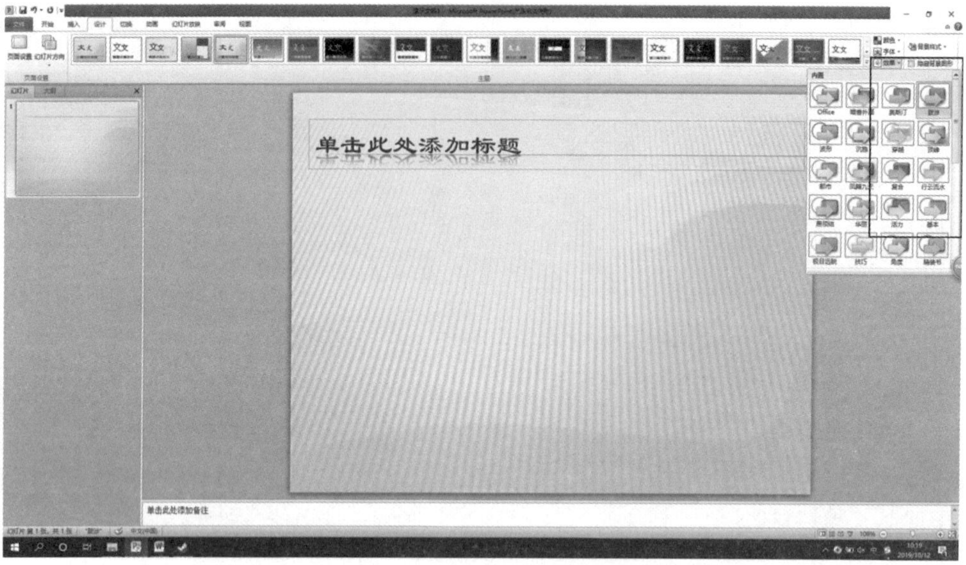

图 4-15

实验任务二　添加演示文稿的背景图形

Step 1　选择【视图】→【幻灯片母版】命令（见图 4-16），打开“幻灯片母版”视图。

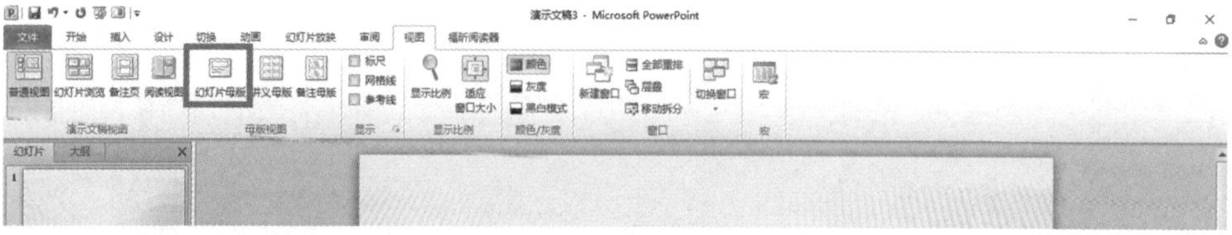

图 4-16

Step 2　单击希望放置背景图形的幻灯片母版，本实例选择【标题和内容版式】母版。

图 4-17

Step 3 选择【插入】→【图片】命令，打开“插入图片”对话框，选择要插入的外部图片文件“logo. jpg”，单击【插入】即可（见图 4-18）。

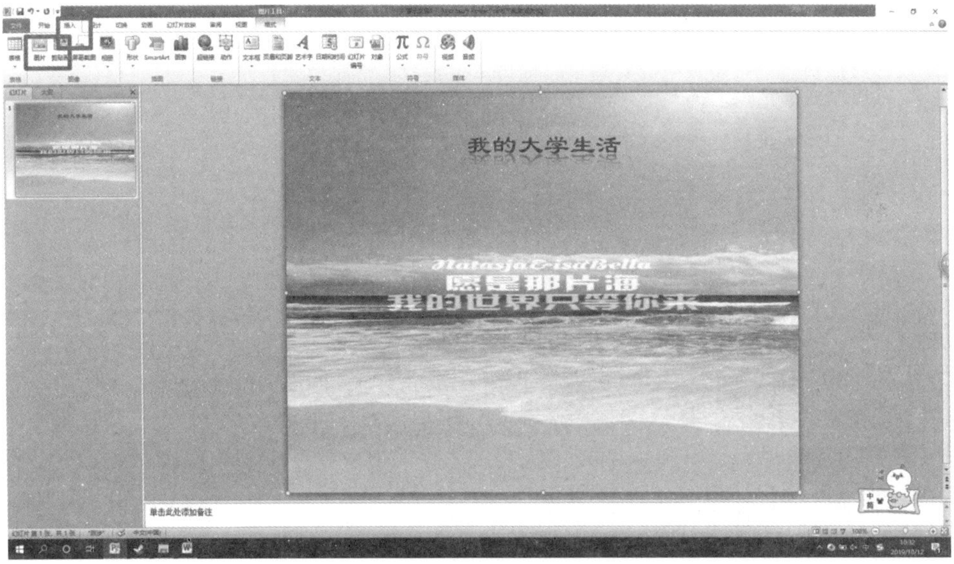

图 4-18

Step 4 处理被图片遮挡的先前文字标题时，点击图片，在【图片工具】扩展菜单中选择【下移一层】，即可让文字浮于图片之上（见图 4-19）。

图 4-19

Step 5　新建第 2 张幻灯片。右键单击左边幻灯片/大纲窗格中第 1 张幻灯片，在下拉菜单中单击【新建幻灯片】创建新幻灯片（见图 4-20），或者在功能区的左上角菜单栏中鼠标左击【新建幻灯片】即可（见图 4-21）。

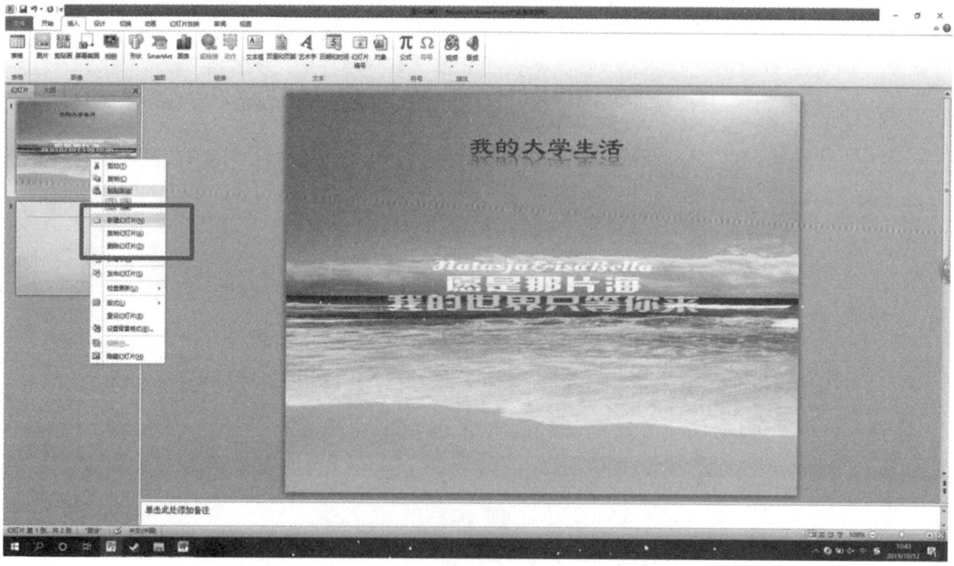

图 4-20

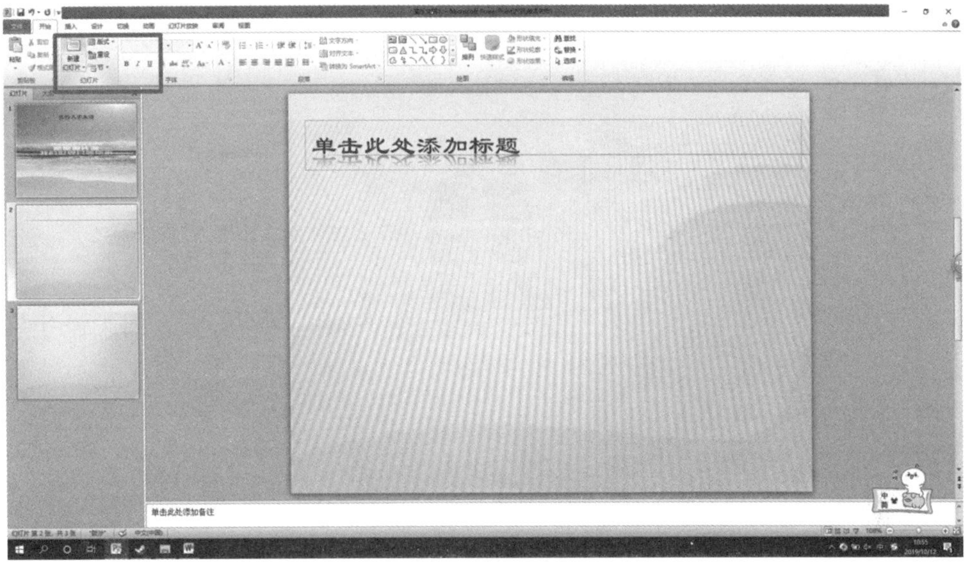

图 4-21

Step 6　删除幻灯片。鼠标右键单击左边幻灯片/大纲窗格中要删除的幻灯片，在下拉菜单中单击【删除幻灯片】（见图 4-22），即可删除幻灯片。

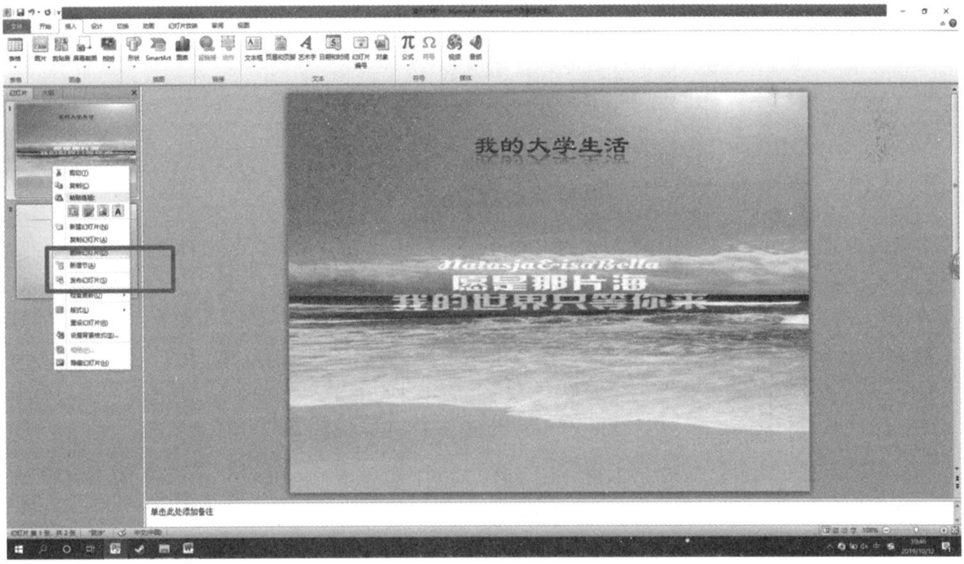

图 4-22

实验任务三　修改演示文稿的背景颜色

Step　点击【幻灯片母版】，在幻灯片窗格中（界面左侧）选择希望修改背景颜色的版式母版（如“标题幻灯片”版式母版），选择【背景样式】命令，打开【背景样式】

下拉列表（见图 4-23），如果未出现所需背景样式，则选择【设置背景格式】命令，在【设置背景格式】对话框中自定义背景样式，选择颜色填充，设置之后点击【全部应用】即可（见图 4-24）。

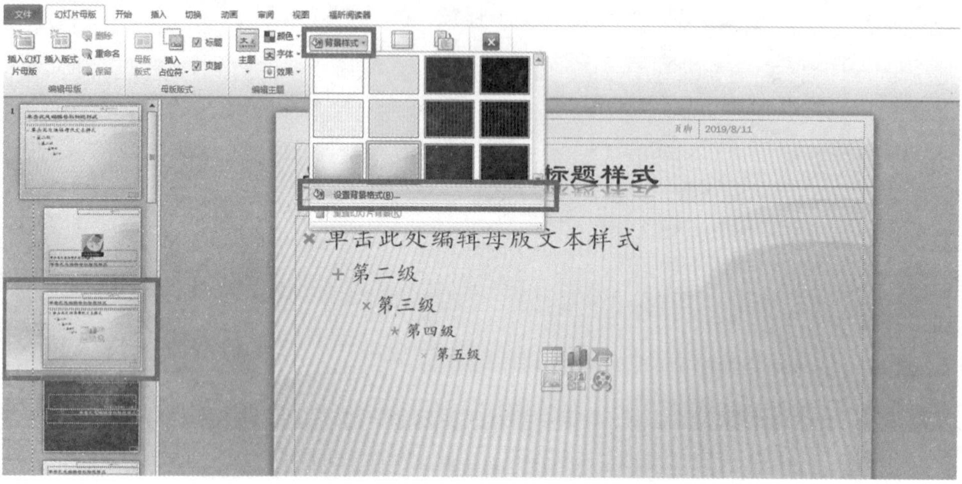

图 4-23

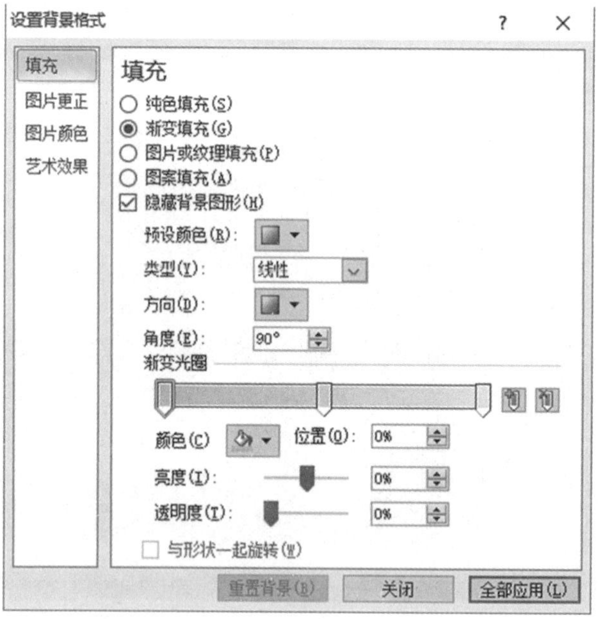

图 4-24

实验任务四　文本内容的背景填充

Step 1　点击【开始】→【快速样式】进行演示文档的板块样式选择（见图 4-25）。

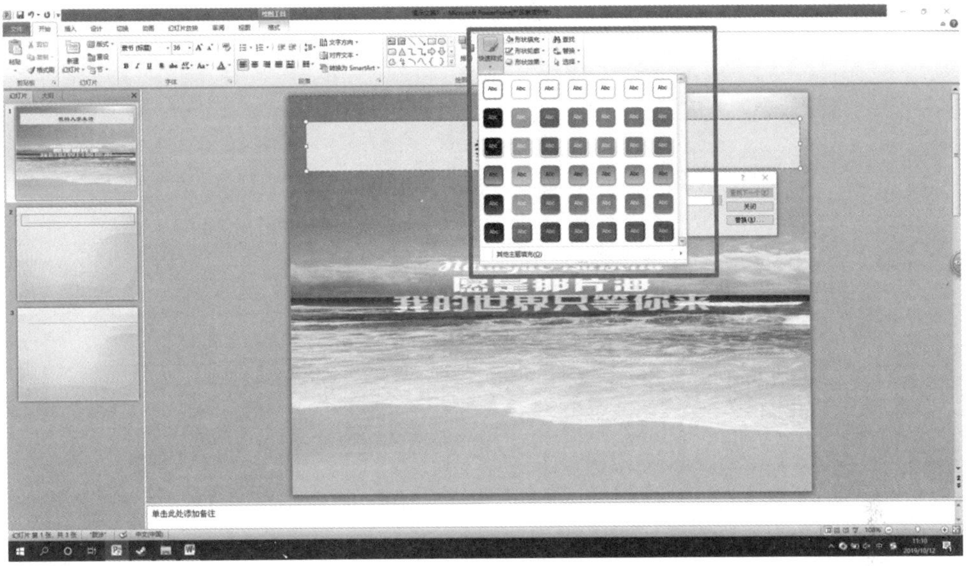

图 4-25

Step 2　点击【开始】，然后选择【形状填充】填充演示文本内容的背景颜色（见图 4-26 和图 4-27）。

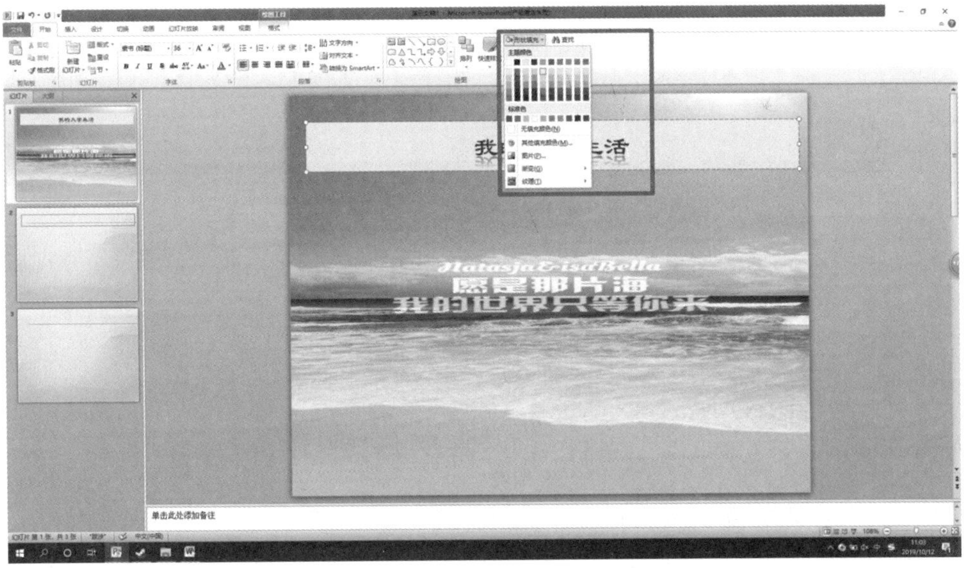

图 4-26

图 4-27

Step 3　点击【开始】→【形状轮廓】，选择演示文档内容的轮廓颜色、粗细等（见图 4-28）。

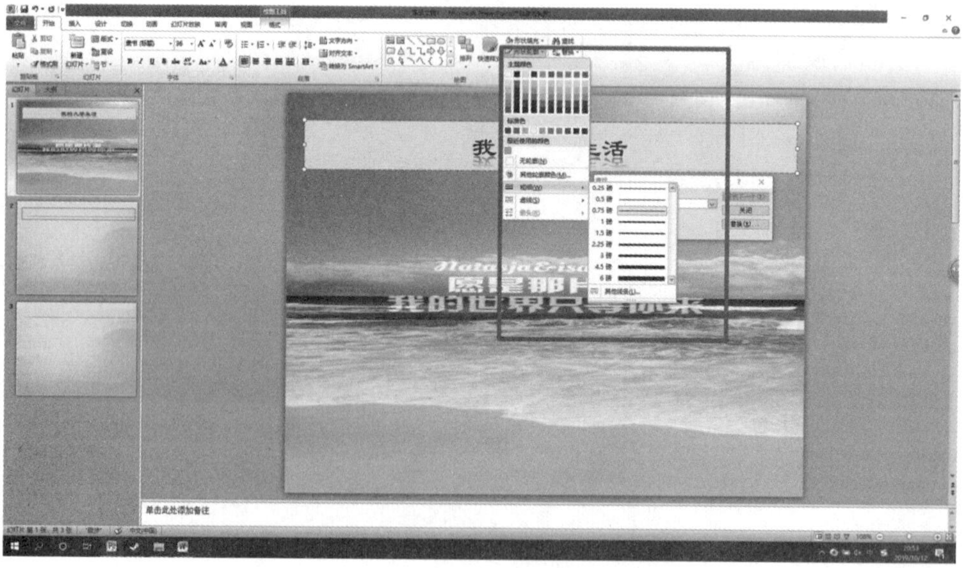

图 4-28

Step 4　点击【开始】→【形状效果】，设置演示文档内容的边框显示效果（见图 4-29）。

图 4-29

Step 5　点击【开始】，选择【查找】【替换】【选择】可分别进行文本内容的查找（见图 4-30）、替换（见图 4-31）、选择（见图 4-32）。

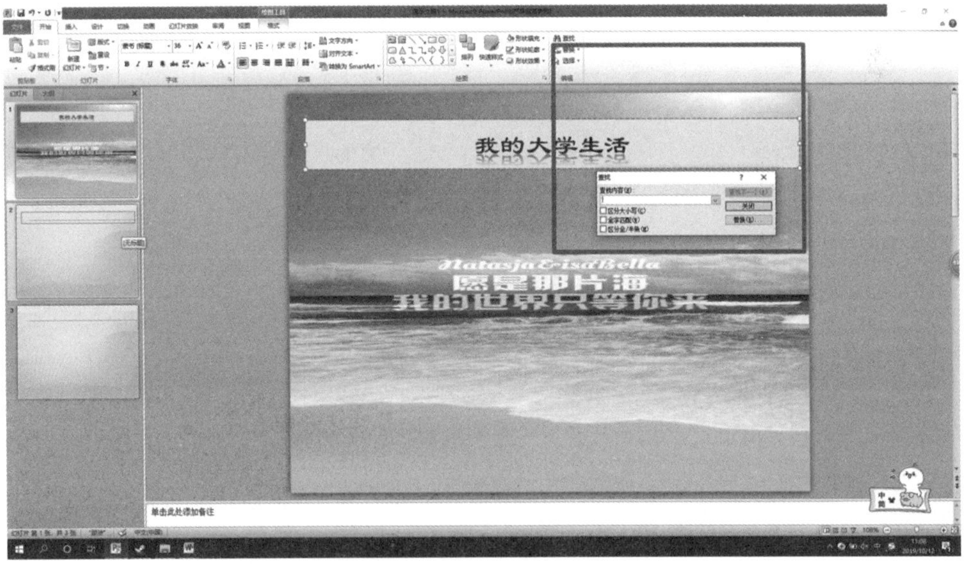

图 4-30

图 4-31

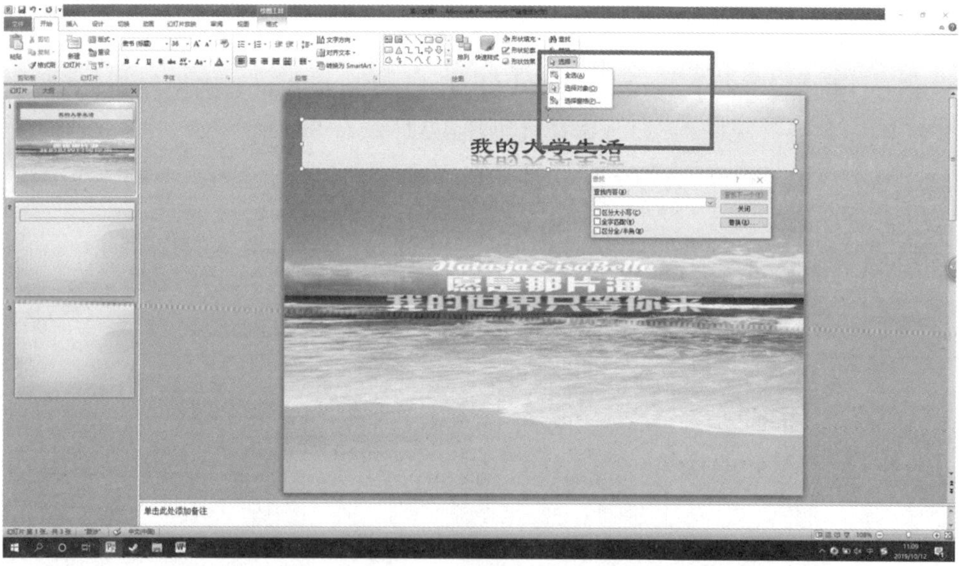

图 4-32

实验任务五 正确运用（日期、文本、数字、标题、页脚）占位符

Step 1 打开演示文档后点击【插入幻灯片】即可出现标题占位符和内容占位符（见图 4-33）。

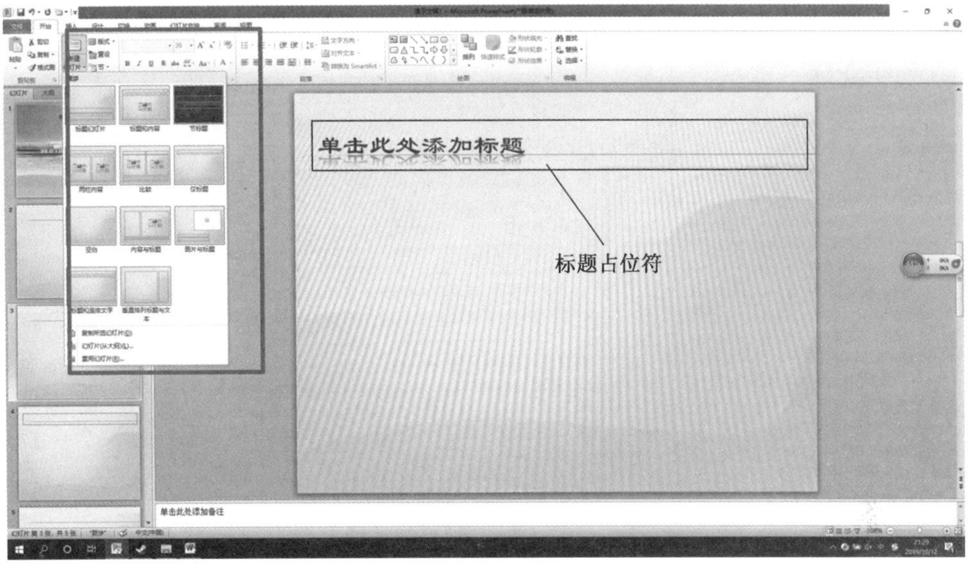

图 4-33

Step 2　点击【插入】→【页眉和页脚】即可出现页眉和页脚占位符对话框，进行相应设置（见图 4-34，图 4-35）。

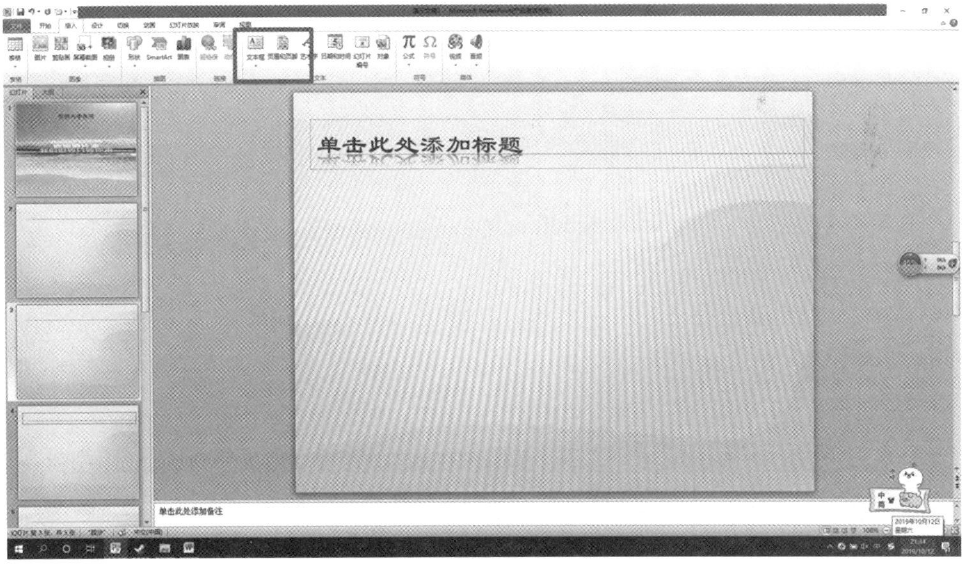

图 4-34

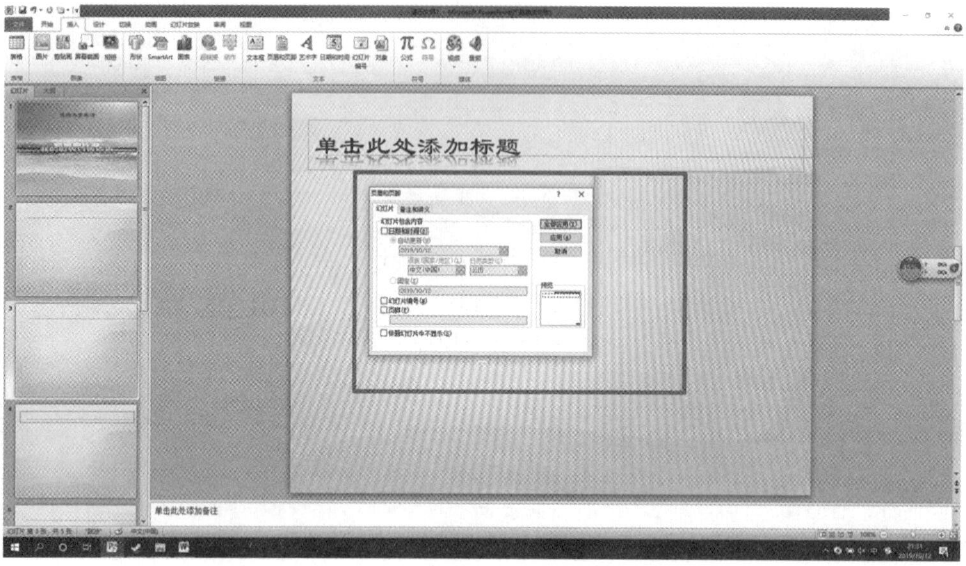

图 4-35

Step 3　点击【插入】→【日期和时间】即可出现日期和数字占位符对话框（见图 4-36 和图 4-37）。

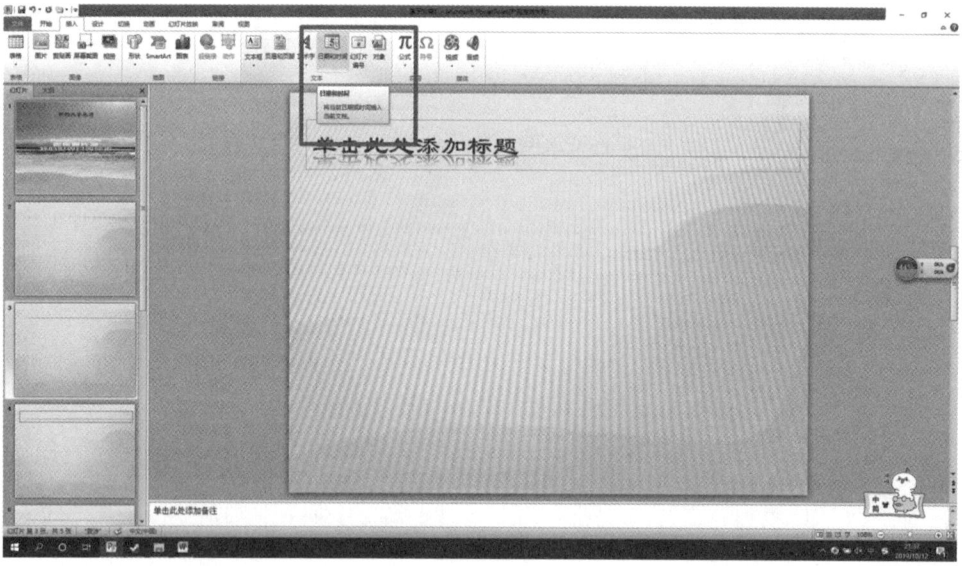

图 4-36

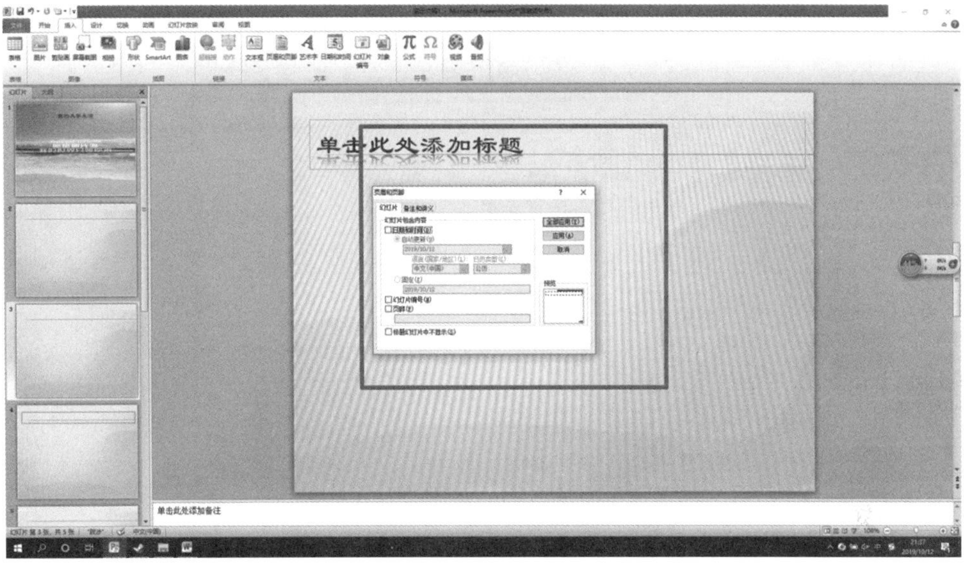

图 4-37

实验任务六　另存演示文稿

Step 1　保存文件。单击【关闭母版视图】命令，选择【文件】→【保存】命令，在弹出的对话框中指定文件名，以学号姓名进行保存，保存格式为“. pptx”（见图 4-38）。

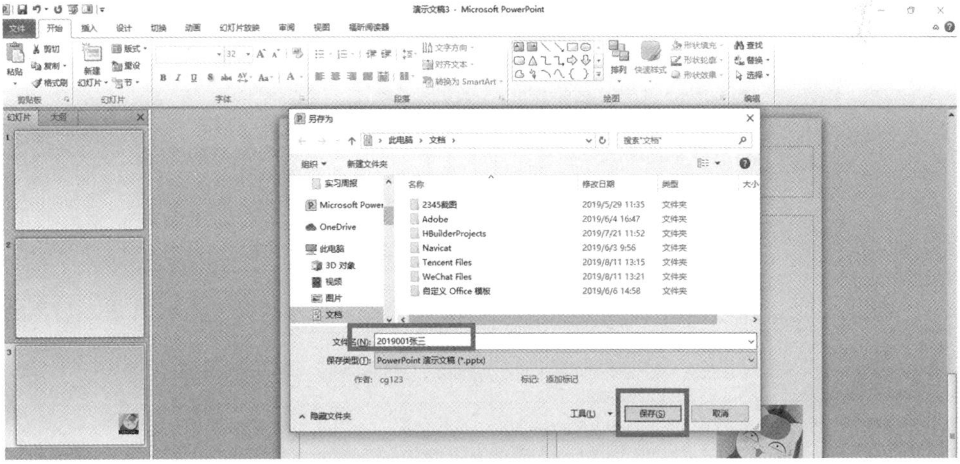

图 4-38

Step 2　保存为其他格式文件。单击【关闭母版视图】命令，选择【文件】→【保存】命令，在弹出的对话框中指定文件名，以学号姓名进行保存，选择保存格式为“. pdf”（见图 4-39）。

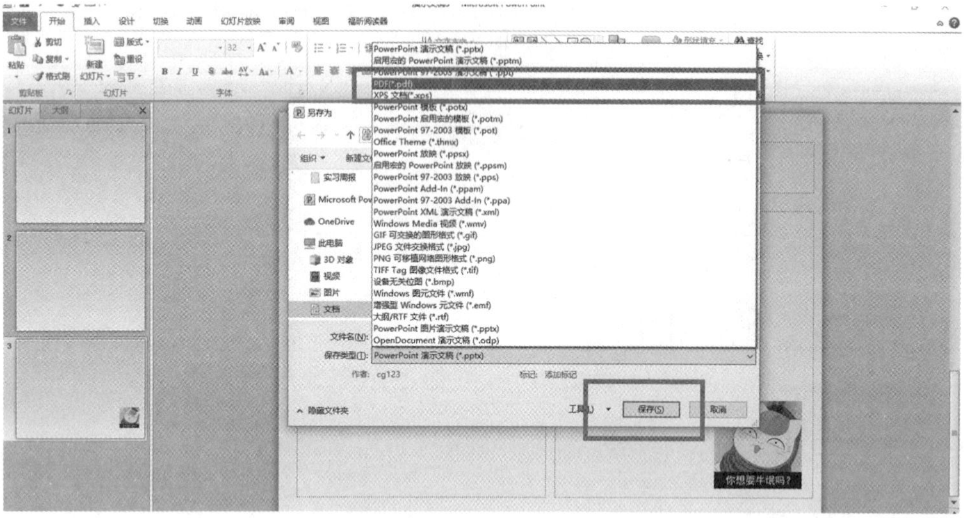

图 4-39

Step 3　自动保存文件。选择【文件】→【选项】，单击【保存】命令，在【保存演示文稿】区域，选择【保存自动恢复信息时间间隔】复选框（默认选中），并在右边的文本框中手动输入具体时间（见图 4-40）。

图 4-40

实验三 插入对象与添加动画

◎掌握在幻灯片中插入各种对象（如文本、图片、SmartArt 图形、形状和图表）的方法；

◎掌握动画的添加和设置方法。

实验任务一 插入图片和艺术字

Step 1 选中第 1 张幻灯片后单击鼠标右键，在弹出的快捷菜单中依次点击【版式】→【空白】，点击【插入】→【图片】，找到要插入的背景图片后点击【插入】命令（见图 4-41)，调整图片大小和位置，让它充满整个幻灯片。

图 4-41

Step 2 选择【插入】选项卡中【文本】组内的【艺术字】命令，打开【艺术字】菜单，选择需要的艺术字样式“渐变填充 - 灰色，轮廓 - 灰色”（见图 4-42)。

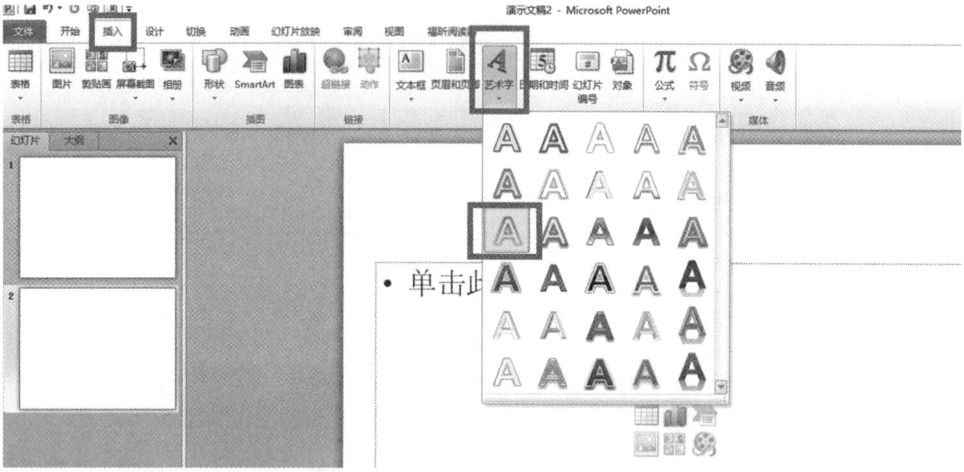

图 4-42

Step 3　编辑艺术字。选择【绘图工具格式】选项卡中【艺术字样式】选项组内的【文本填充】【文本轮廓】【文本效果】命令进行设置。设置文本填充为“红色”。设置文本效果为“阴影——右下斜偏移”“发光——黄色 8pt 强调文字颜色 3”“转换——弯曲——朝鲜鼓”。设置“我的未来”的字体为“微软雅黑”，设置“不是梦”的字体为“宋体”（见图 4-43）。

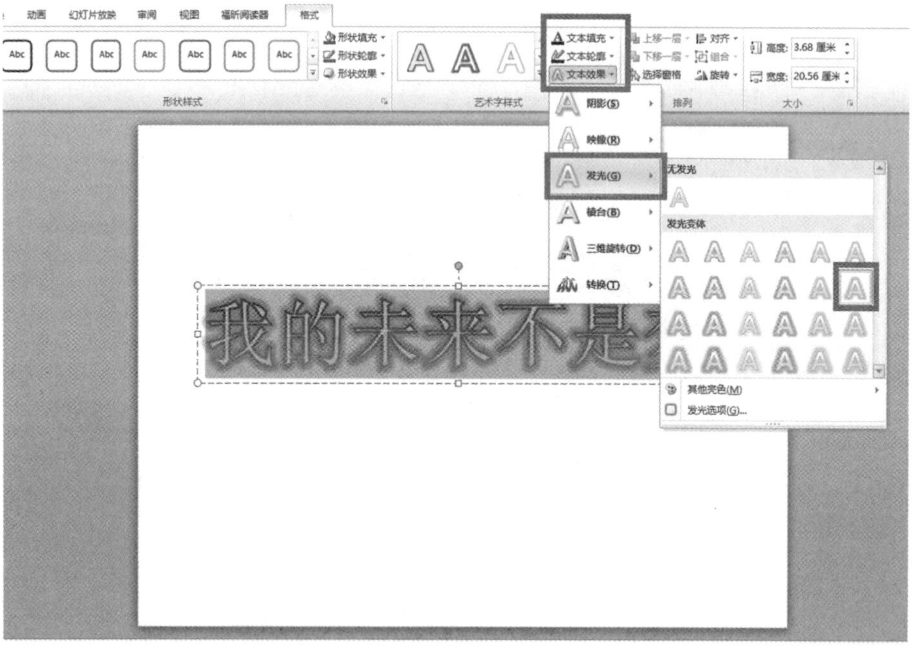

图 4-43

实验任务二 插入图片和剪贴画

Step 1 插入图片。点击【插入】选择选项卡中【图像】组内的【图片】（见图4-44)，弹出“插入图片”对话框，找到自己想要插入的图片（见图4-45)，点击【插入】即可（见图4-46)。

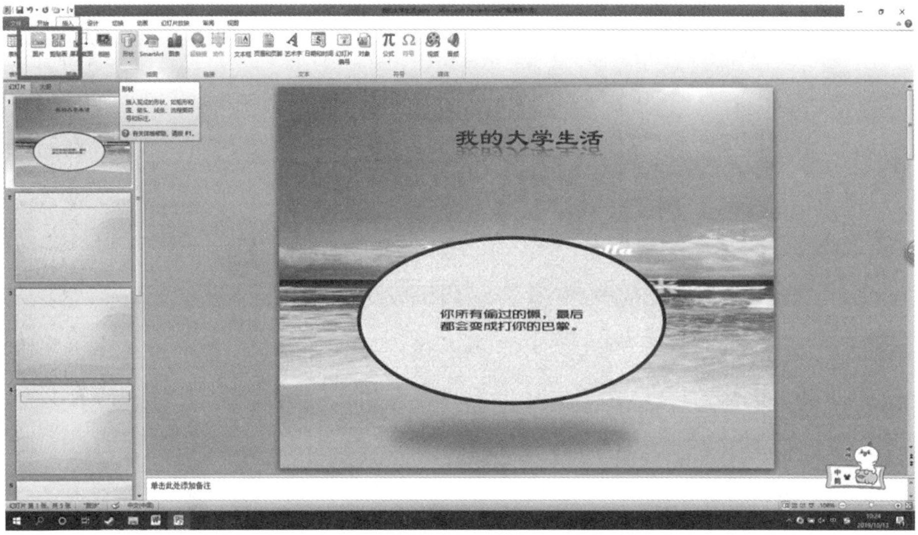

图 4-44

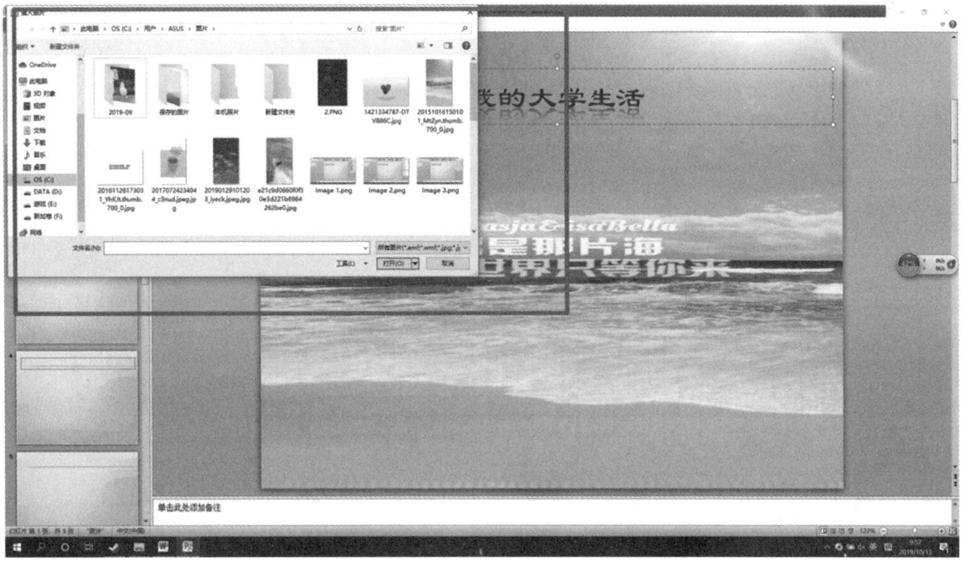

图 4-45

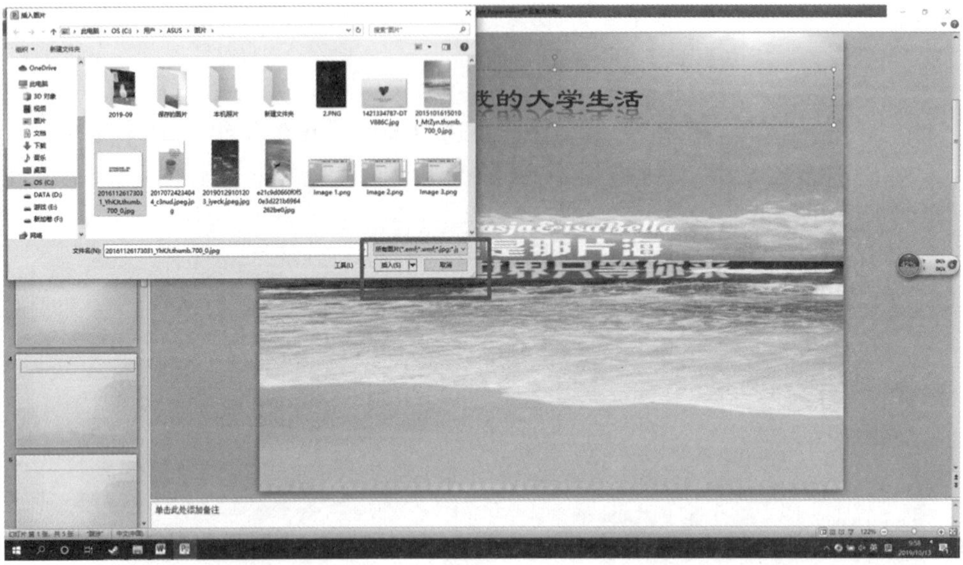

图 4-46

Step 2　插入剪贴画。点击【插入】选择选项卡中【图像】组内的【剪贴画】（见图4-47），在右下角打开电脑文件并找到自己想要插入的剪贴画文件（见图 4-48）。

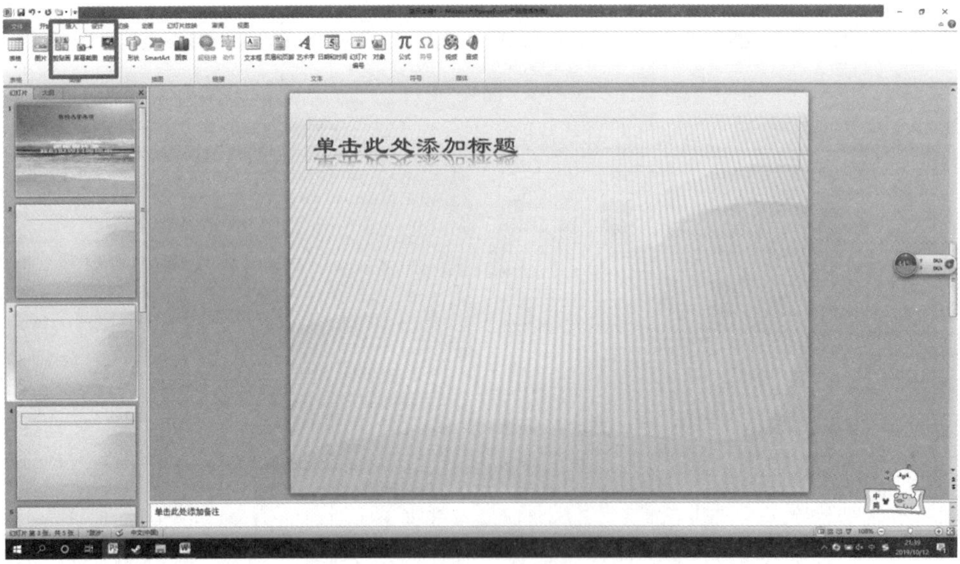

图 4-47

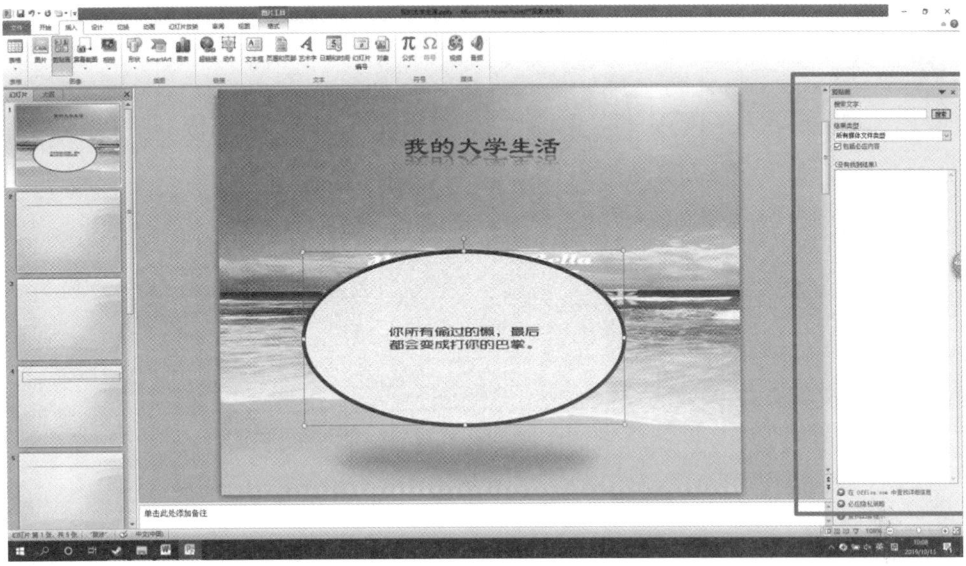

图 4-48

实验任务三 插入图片的个性化设置

Step 1 在插入的图片上单击鼠标右键，出现选择界面（见图 4-49），点击【设置图片格式】进行改变图片样式等一系列操作（见图 4-50）。

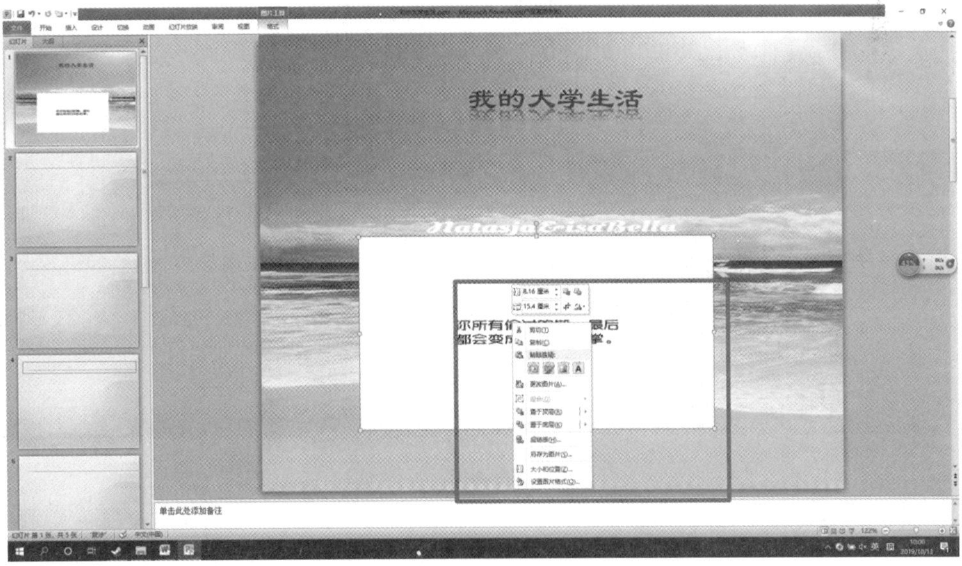

图 4-49

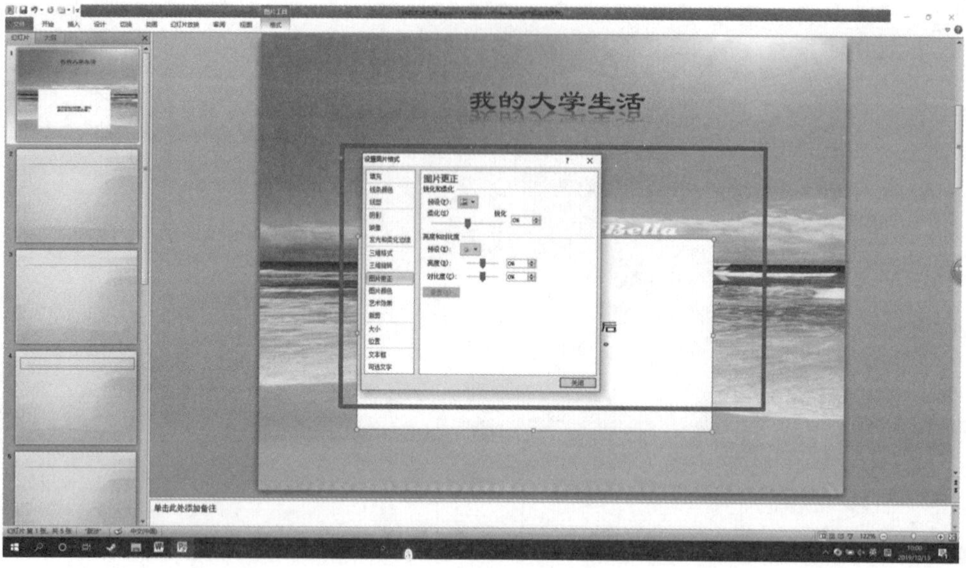

图 4-50

Step 2　点击【图片工具】→【格式】，选择【图片边框】【图片效果】【图片版式】，可对插入图片的边框样式和形状等效果进行设置（见图 4-51 和图 4-52）。

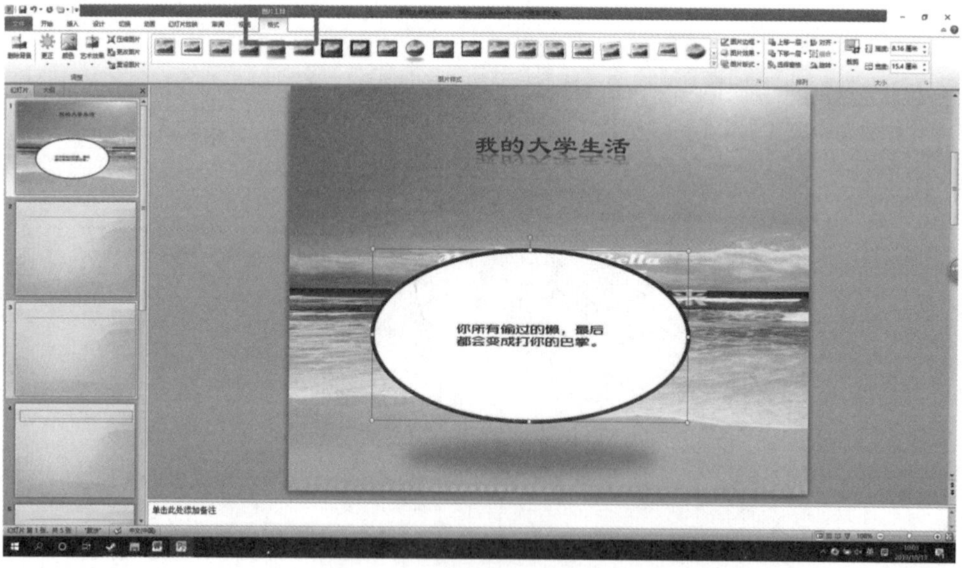

图 4-51

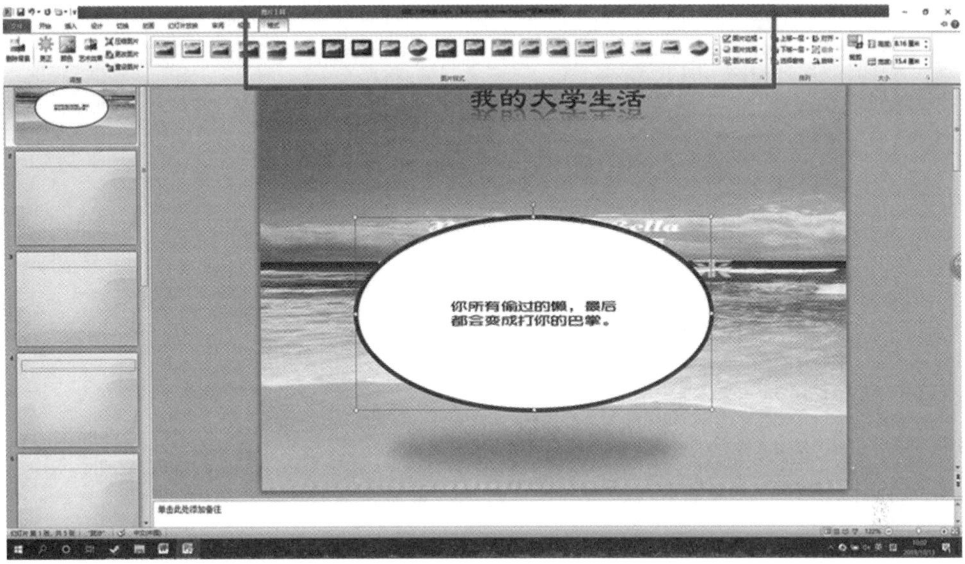

图 4-52

Step 3　点击【图片工具】→【格式】，选择【更正】【颜色】【艺术效果】，对插入图片的颜色等效果进行设置（见图 4-53 ~ 图 4-55）。

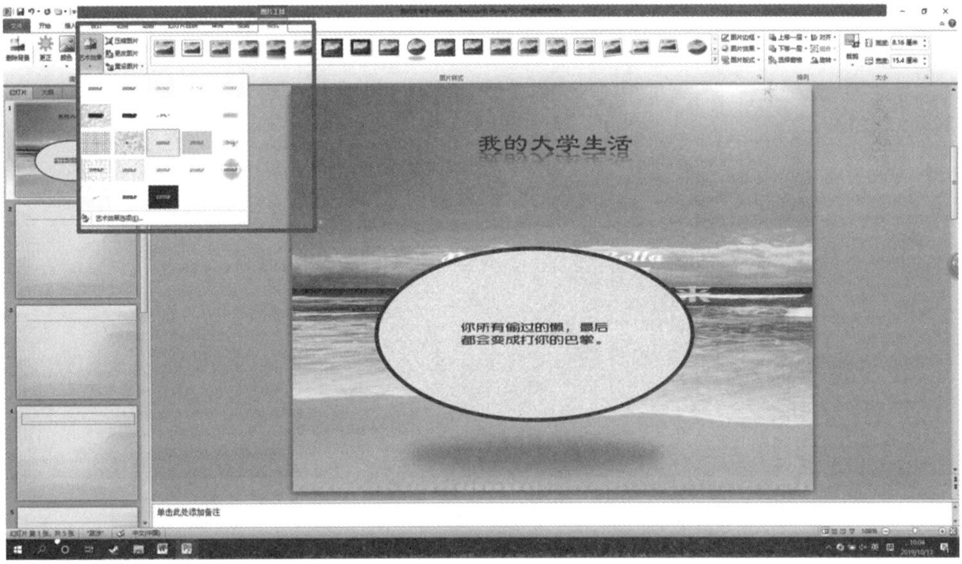

图 4-53

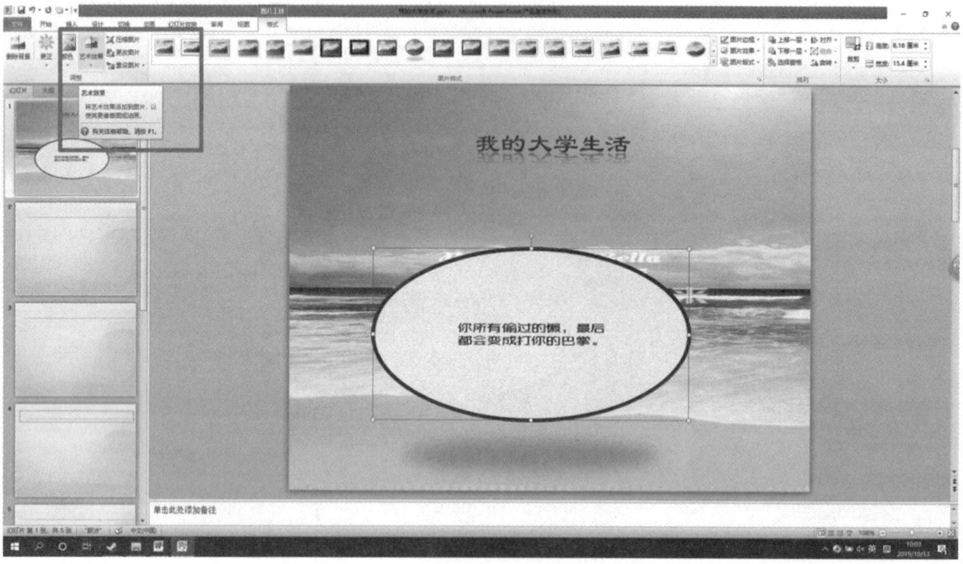

图 4-54

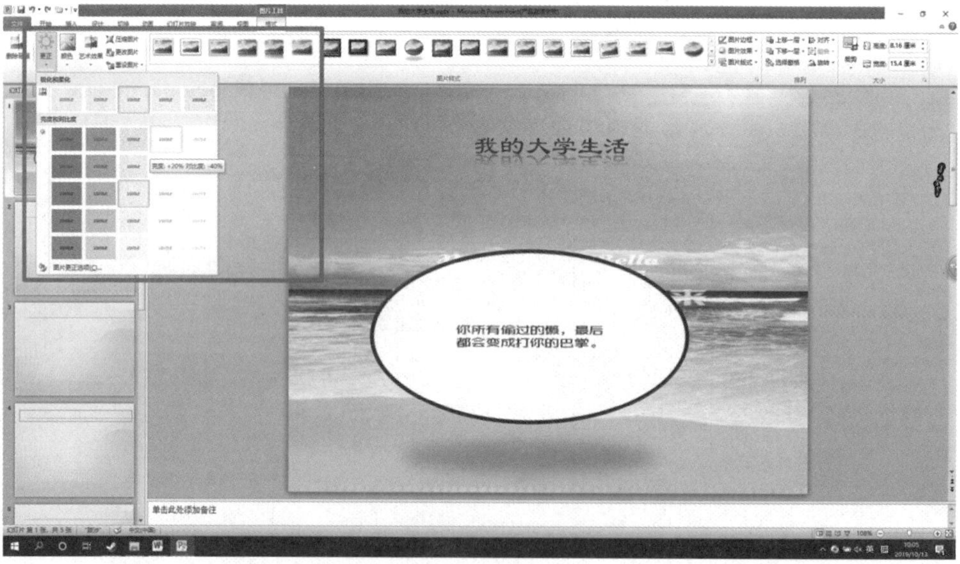

图 4-55

实验任务四　插入超链接和动作

Step 1　点击【插入】→【超链接】，弹出“插入超链接”对话框（见图 4-56）。选择想要插入的链接，进行插入（见图 4-57）。

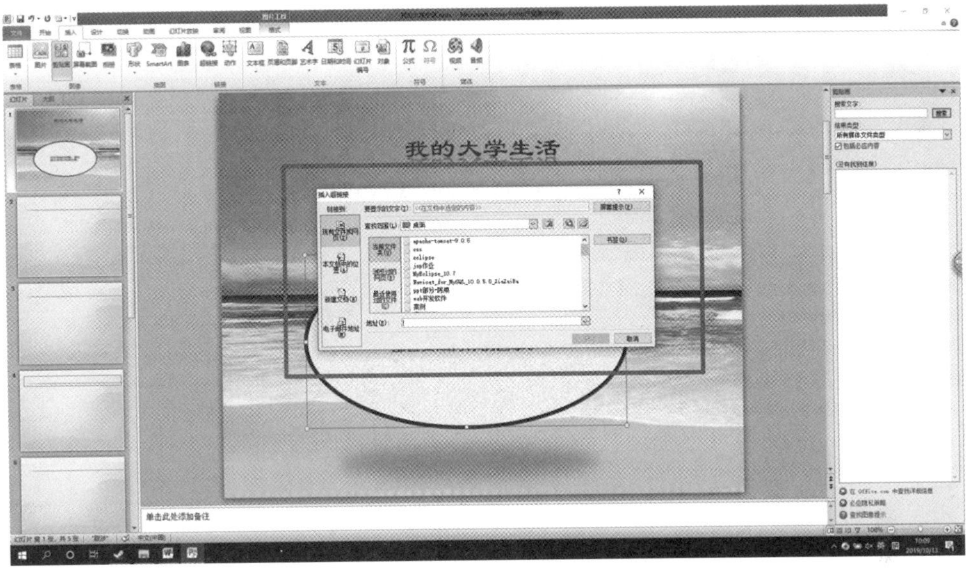

图 4-56

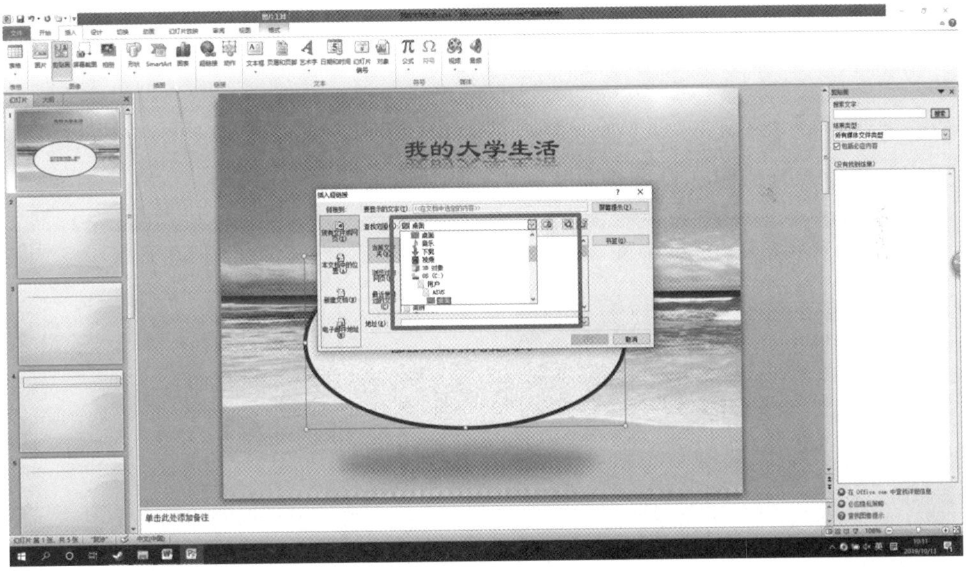

图 4-57

Step 2　点击【插入】→【动作】，选择想要的动态效果（见图 4-58）。

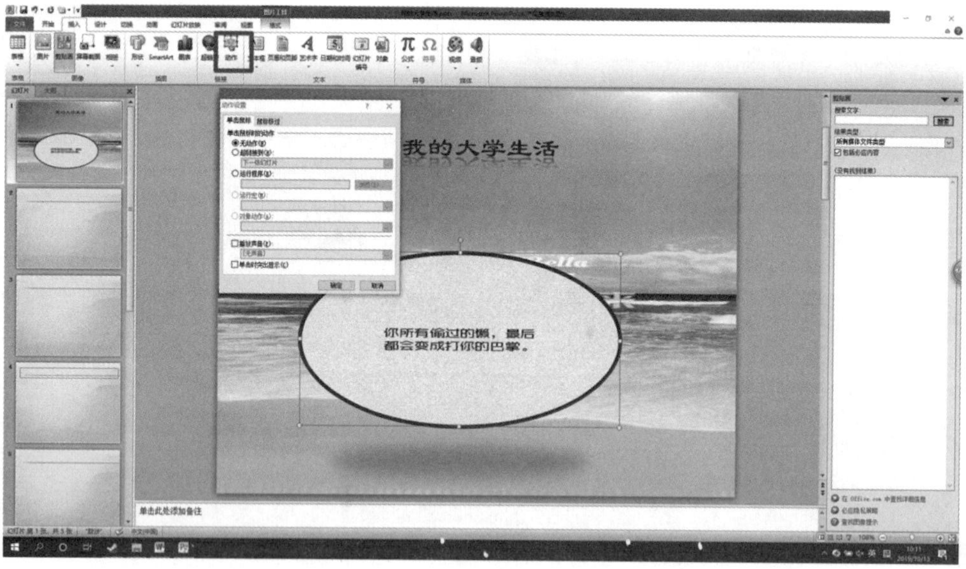

图 4-58

实验任务五　插入视频和音频

Step 1　点击【插入】→【视频】（见图 4-59），选择想要插入的视频点击【插入】即可完成插入音频的操作（见图 4-60）。

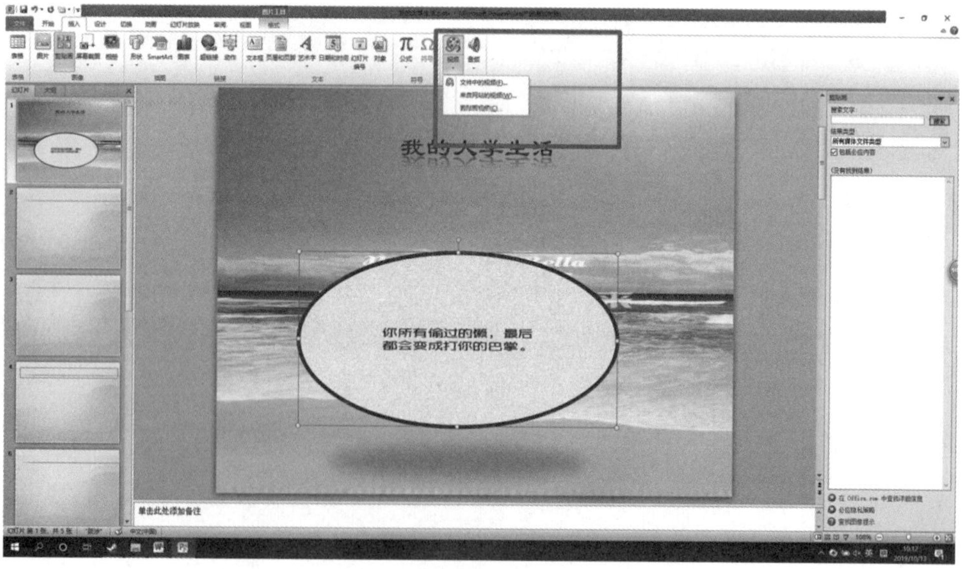

图 4-59

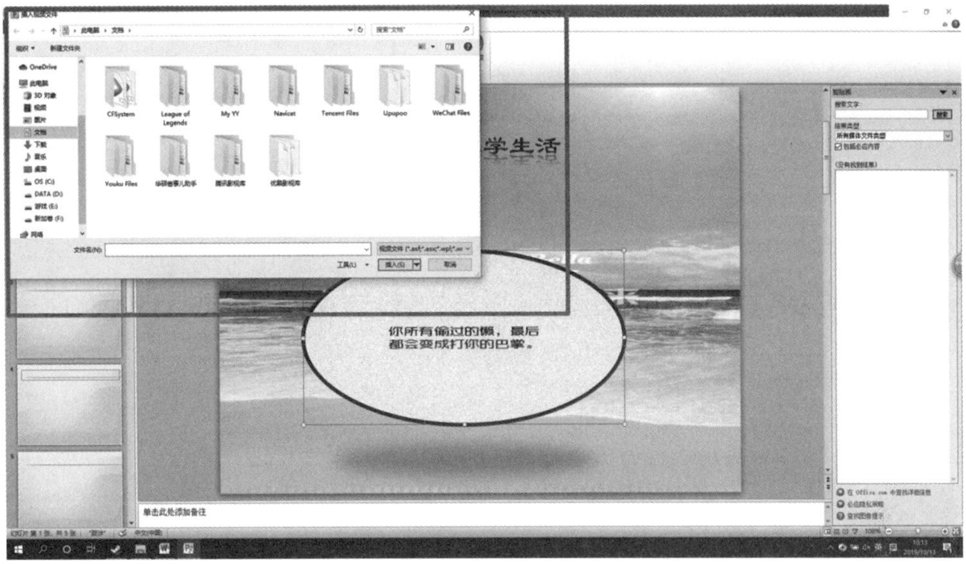

图 4-60

Step 2　点击【插入】→【音频】（见图 4-61），选择想要插入的音频点击【插入】即可完成插入音频的操作（见图 4-62）。

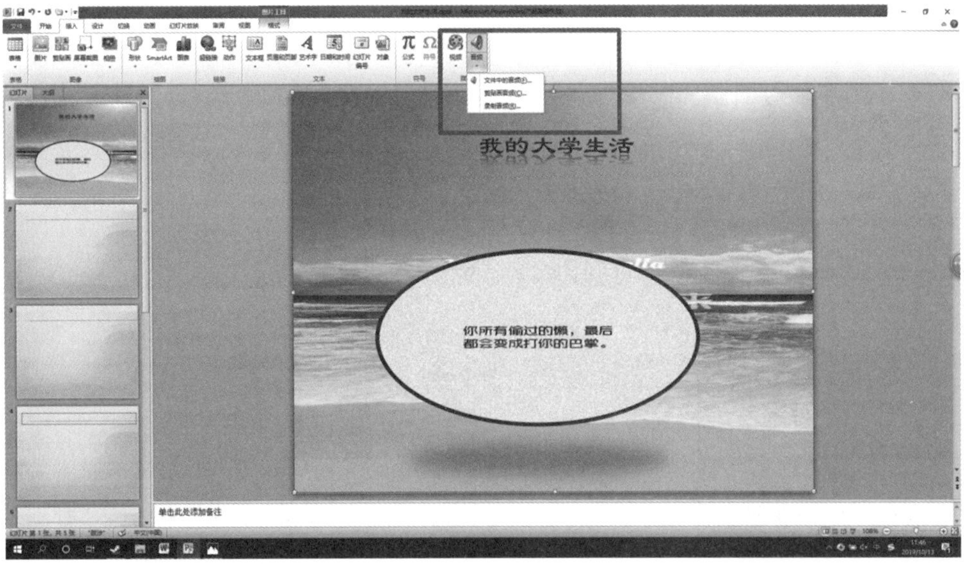

图 4-61

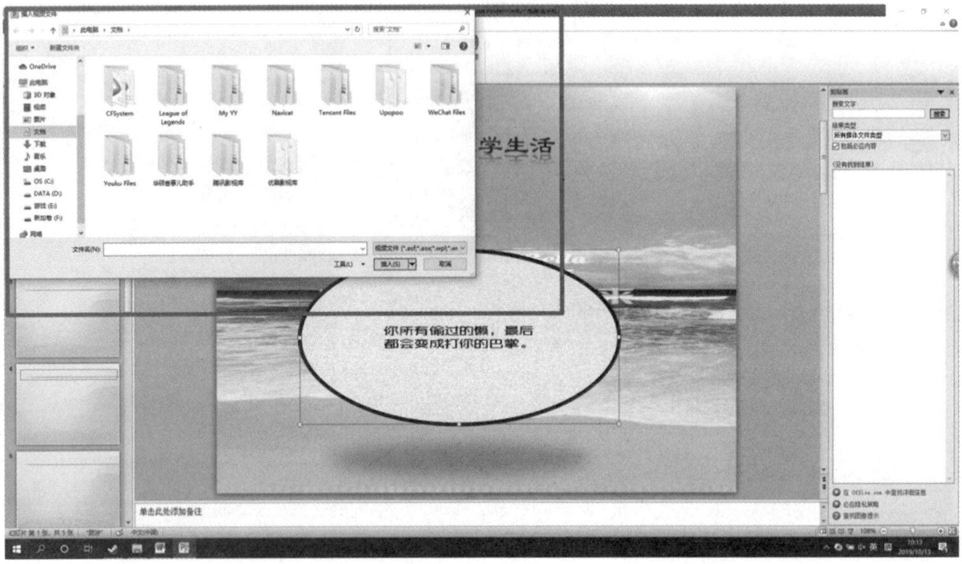

图 4-62

实验任务六　插入 SmartArt 图形

Step　点击选择【插入】选项卡中【插图】选项组内的【SmartArt】命令，打开“选择 SmartArt 图形”对话框，在【列表】栏中选择【水平项目符号列表】，单击【确定】即可（见图 4-63）。

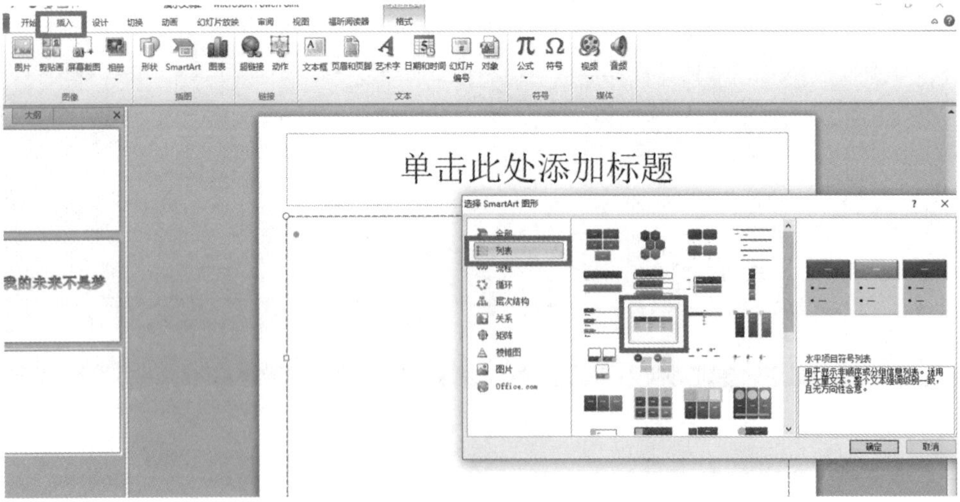

图 4-63

实验任务七　插入图表

Step 1　选择【插入】选项卡中【插图】组内的【图表】命令，打开“插入图表”对话框，选择需要的图表类型“簇状柱形图”（见图 4-64）。

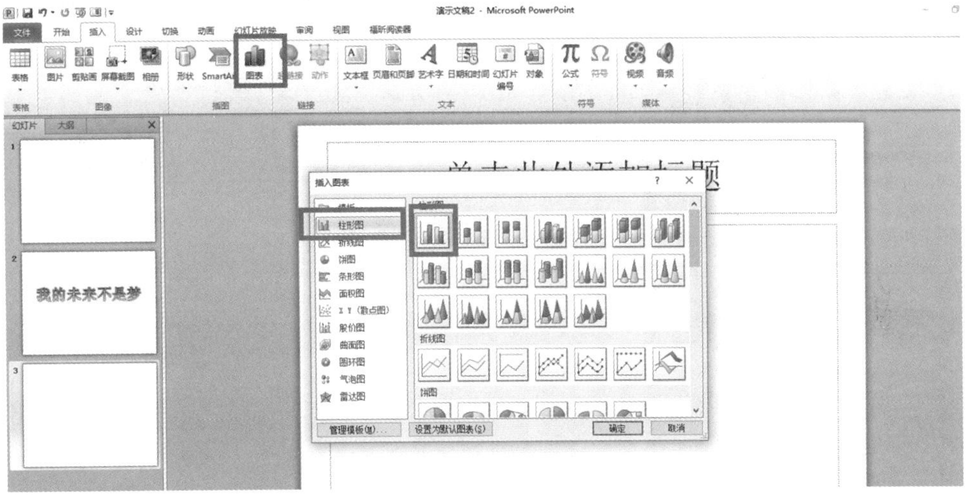

图 4-64

Step 2　将右侧弹出的 Excel 表格中类别 1 到类别 4 分别改为“北京”“上海”“成都”“广州”，将系列 1 到系列 3 改为“2017 年”“2018 年”“2019 年”（见图 4-65）。

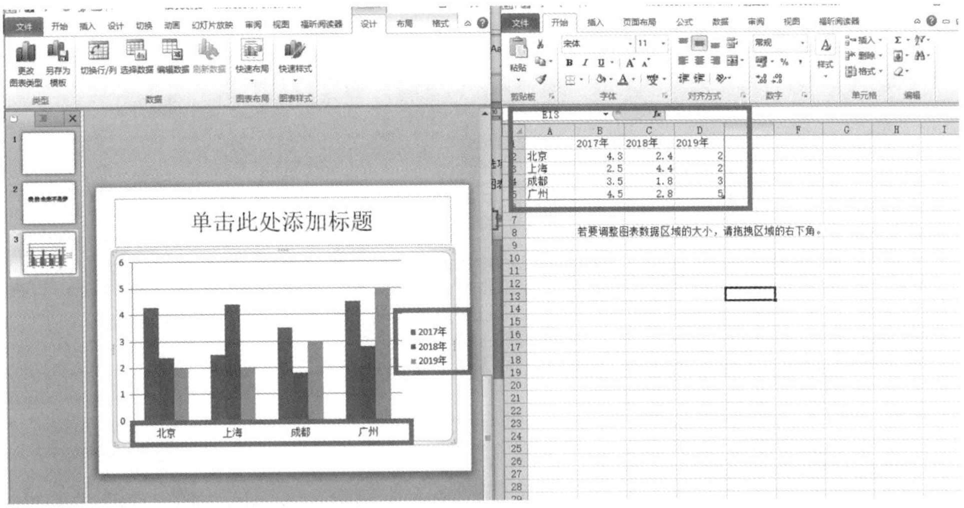

图 4-65

实验任务八　添加动画实现文字特效与界面转换

Step 1　打开图 4-4 的幻灯片，点击文字“有城院有未来”，点击【动画】选项卡中【动画】选项组内【进入】区域的【飞入】选项命令，在【动画】选项组内的【效果选项】中选择“自底部”，在【计时】选项组内选择“持续时间为 0. 50”（见图 4-66）。

图 4-66

Step 2　选中幻灯片，点击【切换】，选择“揭开”效果，实现幻灯片的切换（见图 4-67）。

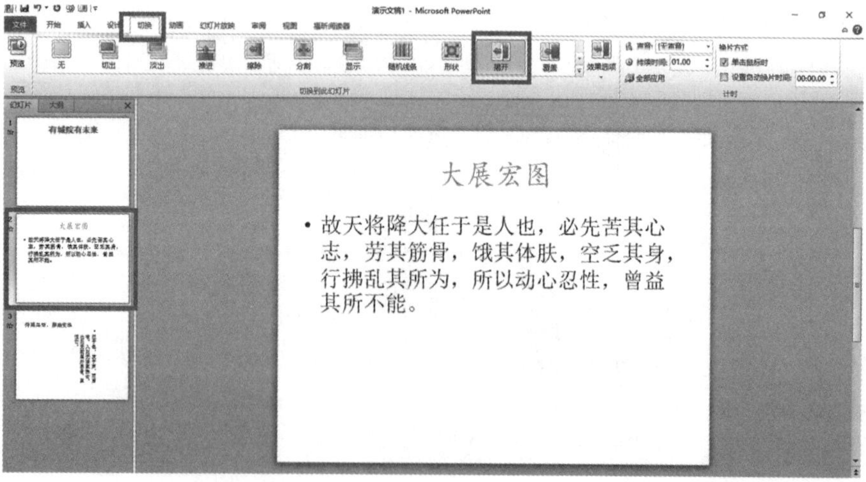

图 4-67

实验四　综合应用——制作求职 PPT

◎掌握演示文稿的文字编辑、图片插入、动画设置等综合应用技能。

实验任务一　创建求职 PPT 的封面

Step 1　在新创建好的幻灯片中，点击【插入】→【图片】，将幻灯片的背景图片插入幻灯片中，并将图片充满整个幻灯片（见图 4-68）。

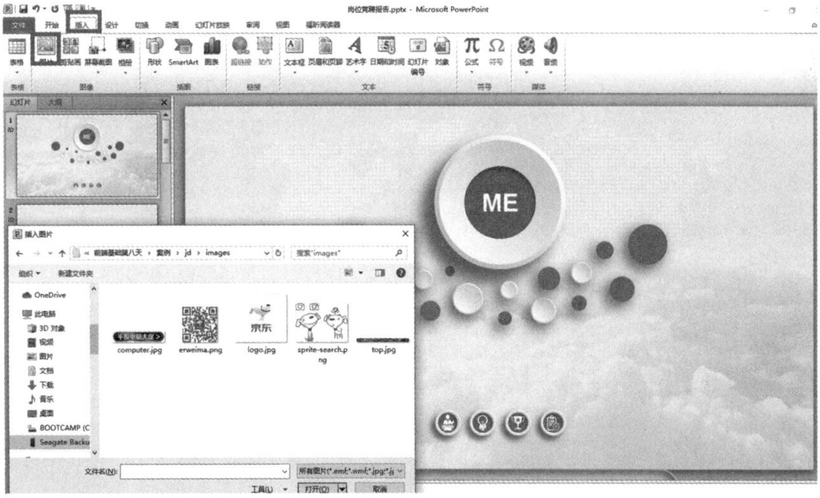

图 4-68

Step 2　点击【插入】→【形状】，选择圆角矩形（见图 4-69）。

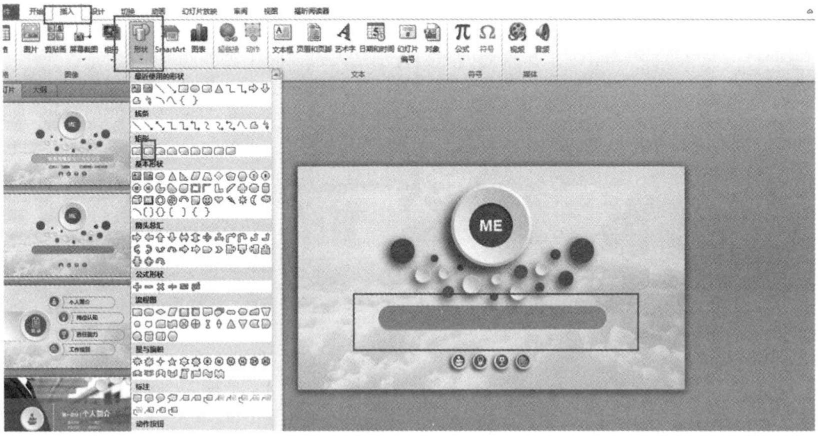

图 4-69

Step 3　双击所选形状，点击【形状填充】，选择浅灰色（见图 4-70）。

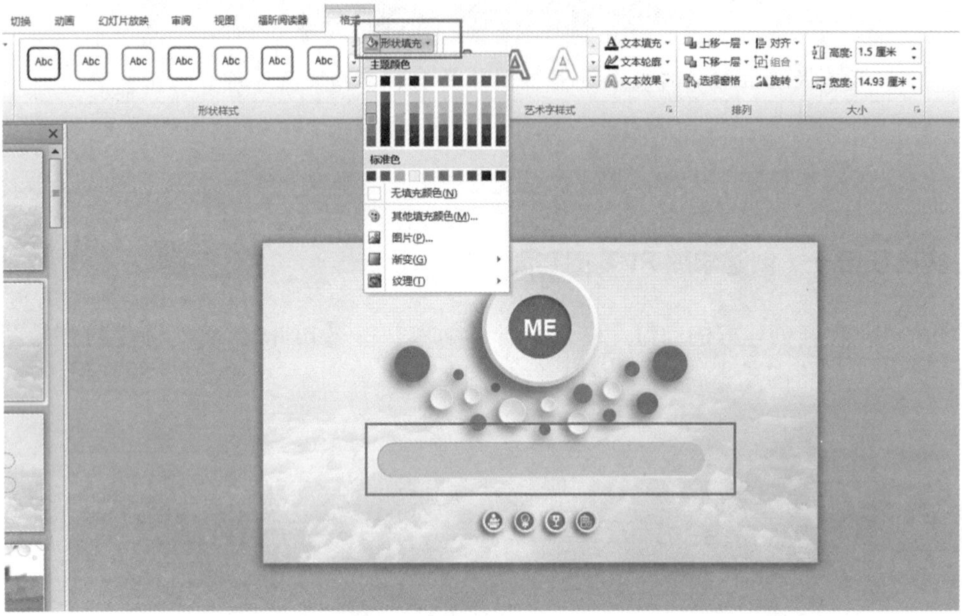

图 4-70

Step 4　点击【形状轮廓】→【粗细】，选择 2. 25 磅（见图 4-71）。

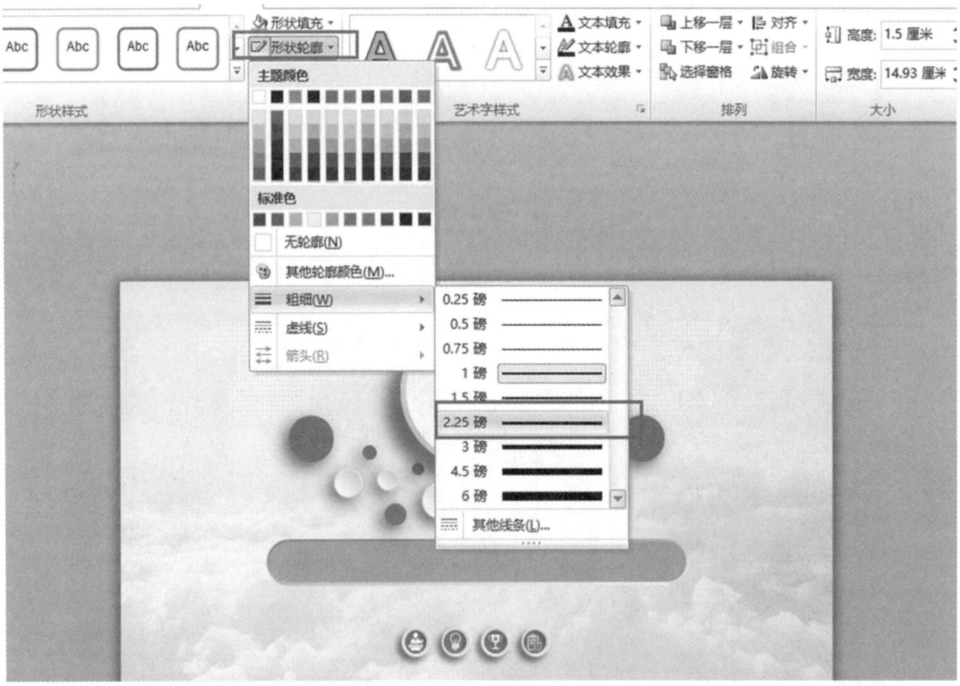

图 4-71

Step 5 点击【形状轮廓】，选择轮廓颜色为浅黑（见图 4-72）。

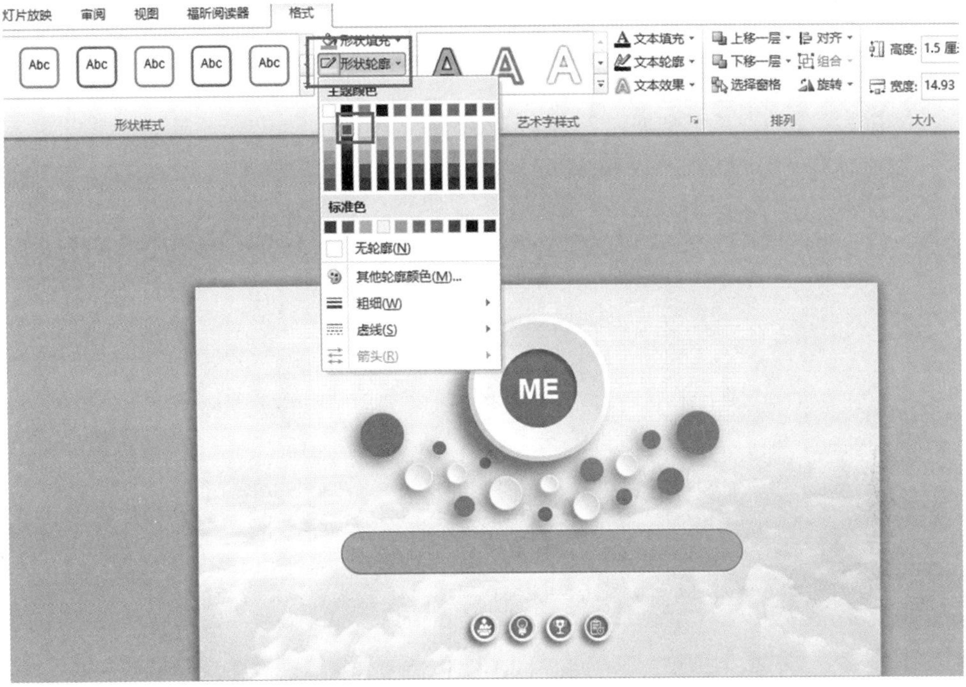

图 4-72

Step 6 点击【形状效果】→【阴影】，选择“内部向右”效果（见图 4-73）。

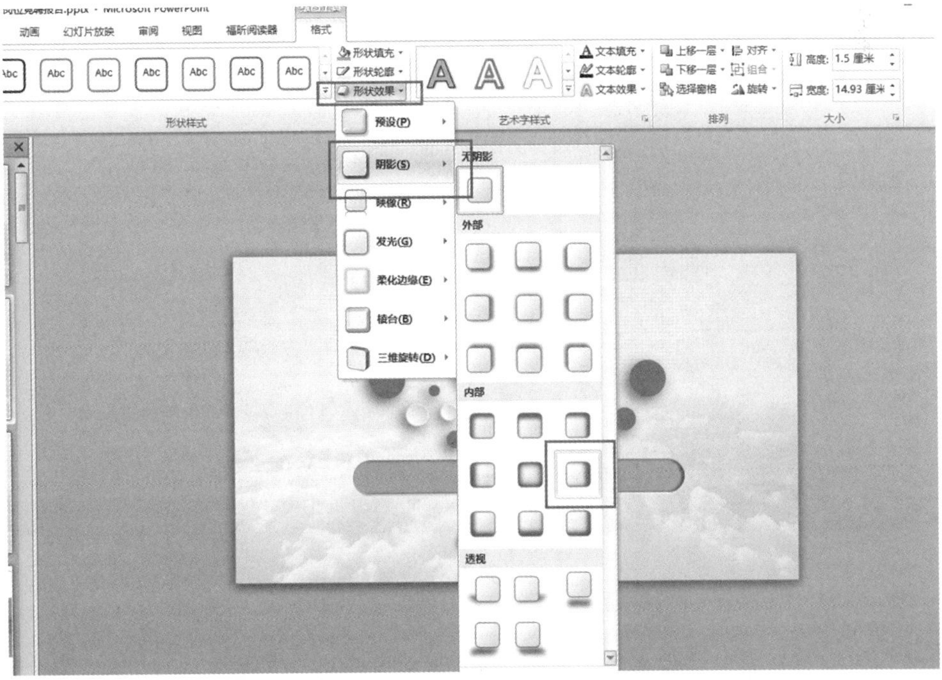

图 4-73

Step 7　点击【插入】→【文本框】→【横排文本框】，在页面中心处添加“求职竞聘报告”6 个字（见图 4-74）。

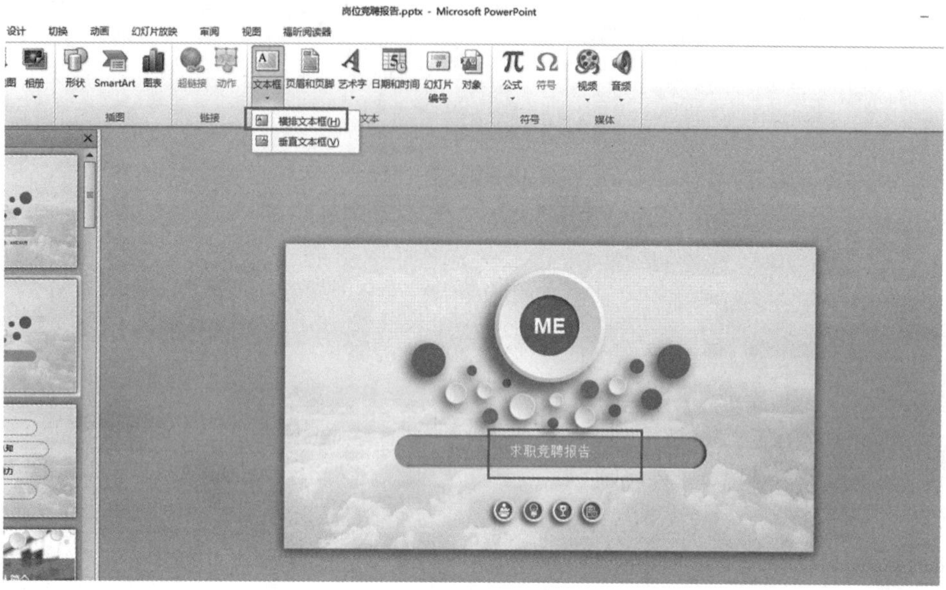

图 4-74

Step 8　设置字体样式，字体为“微软雅黑”，字号为“20”（见图 4-75）。

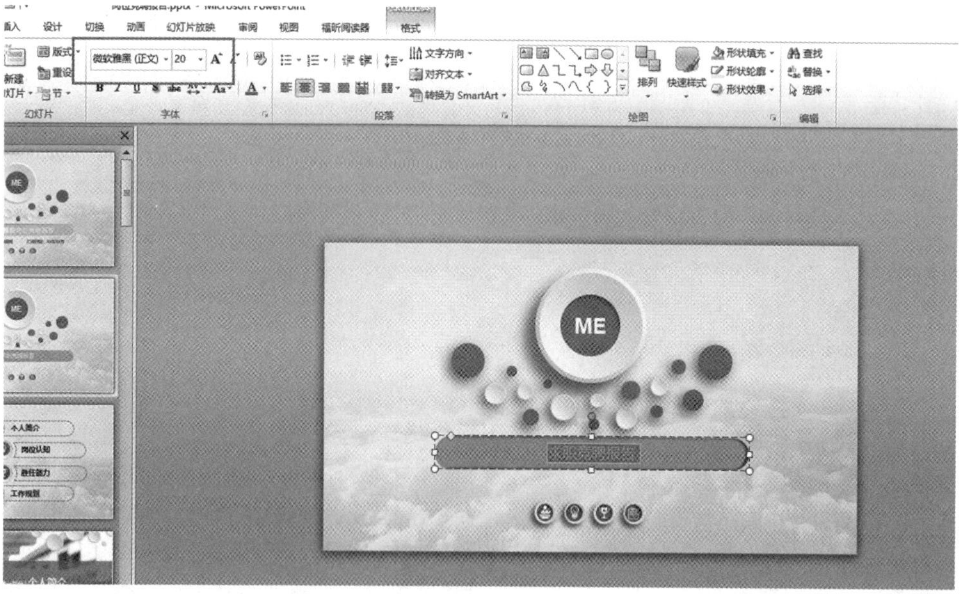

图 4-75

Step 9　继续设置字体颜色为“白色”（见图 4-76）。

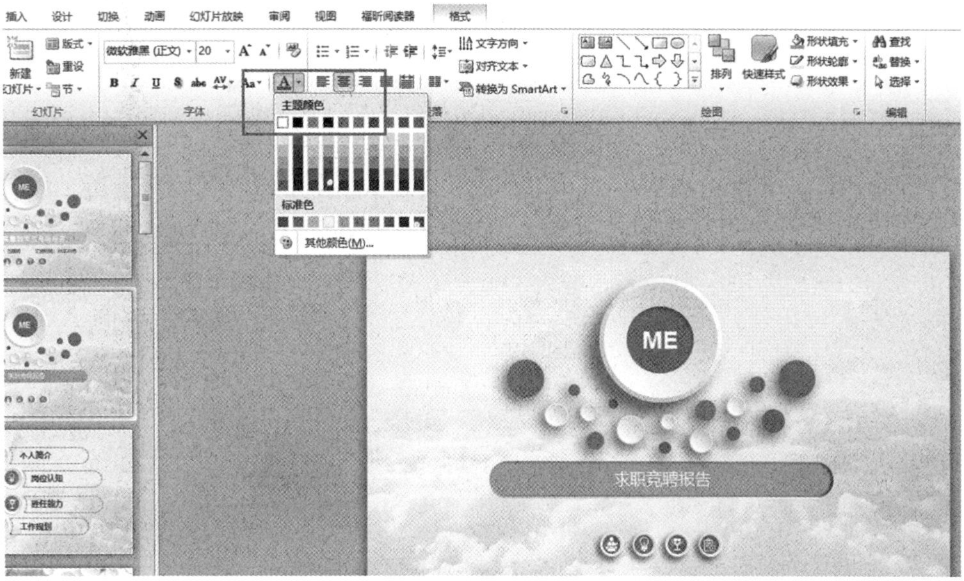

图 4-76

Step 10　添加 1 个横向文本框，输入“汇报人：张三”（见图 4-77）。

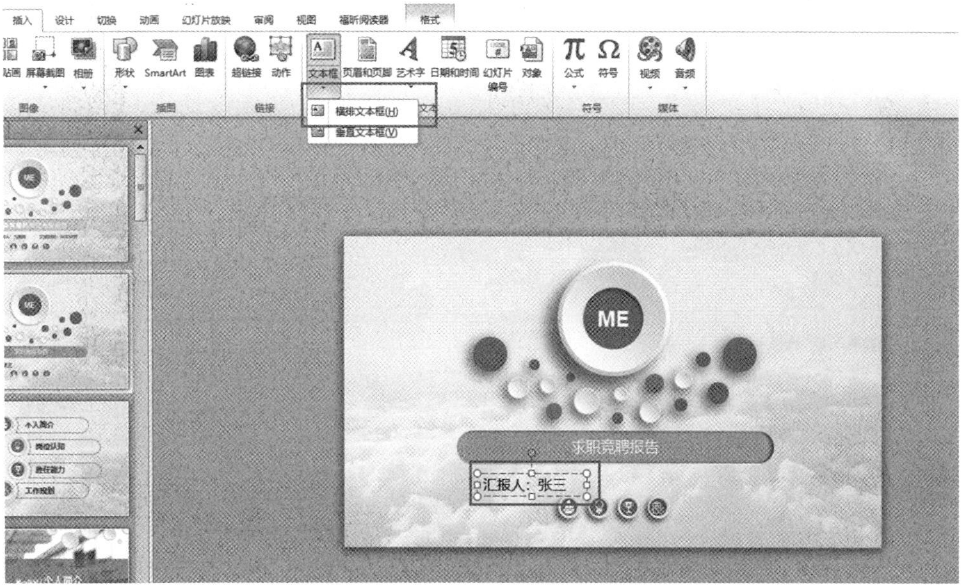

图 4-77

Step 11　继续设置字体样式为“黑体”，字号为“18”，使用字体默认颜色（见图 4-78）。

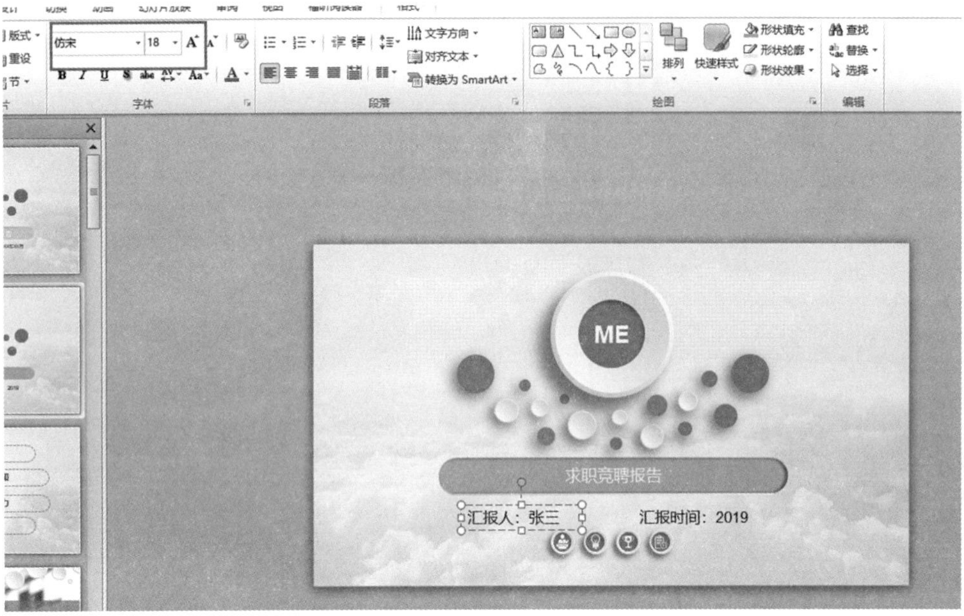

图 4-78

Step 12　添加 1 个横向文本框，输入“汇报时间：2019”（见图 4-79）。

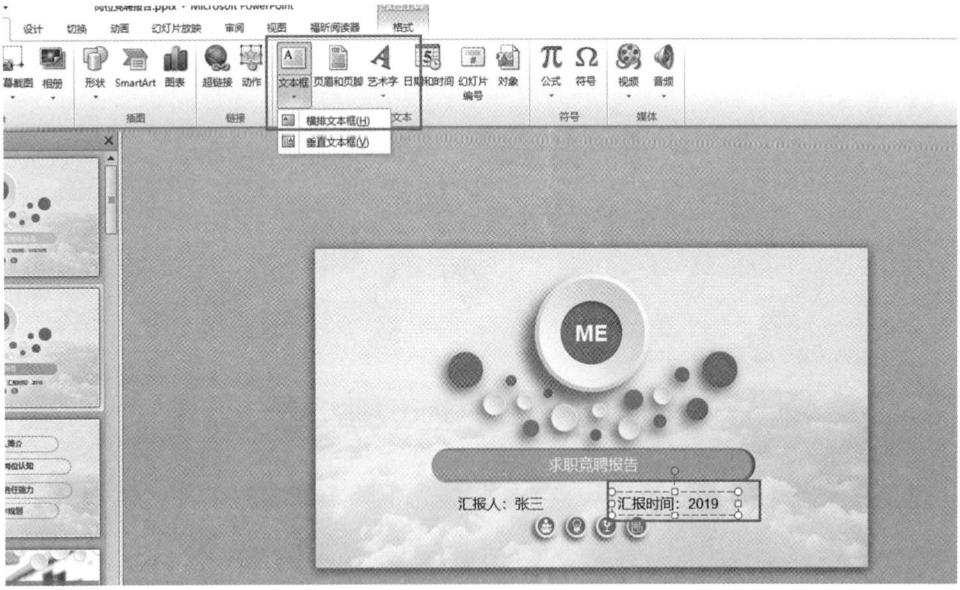

图 4-79

Step 13　继续设置字体为“仿宋”，字号为“18”，颜色为默认颜色（见图 4-80）。

图 4-80

Step 14　点击【动画】，选择“浮入”效果（见图 4-81）。

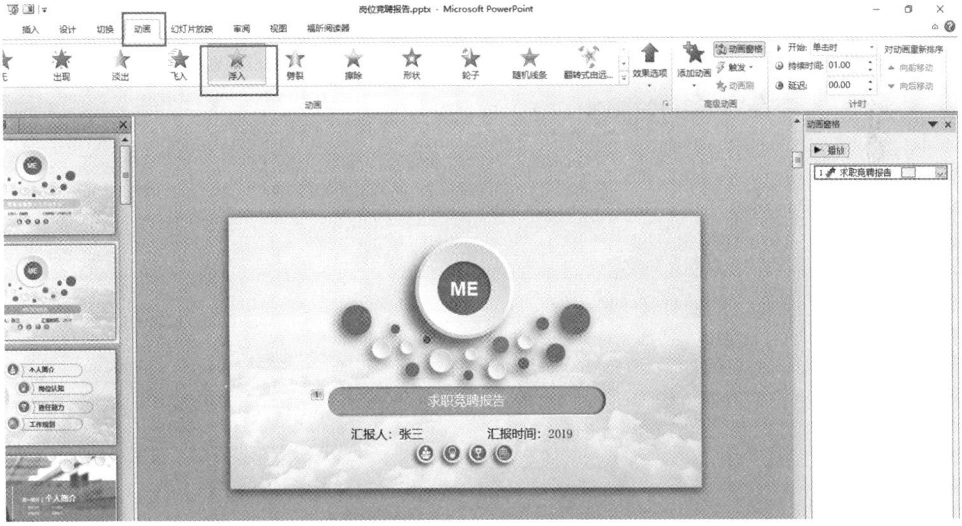

图 4-81

Step 15　继续设置动画开始时间为“上一动画之后”（见图 4-82）。

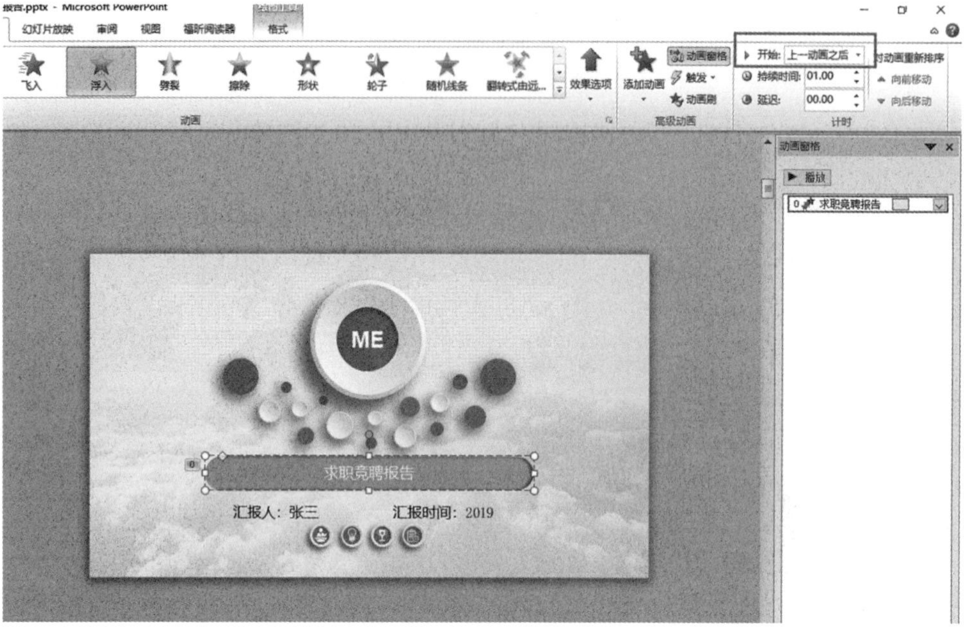

图 4-82

Step 16　选中“汇报人”文本框，点击【动画】，选择“轮子”效果（见图 4-83）。

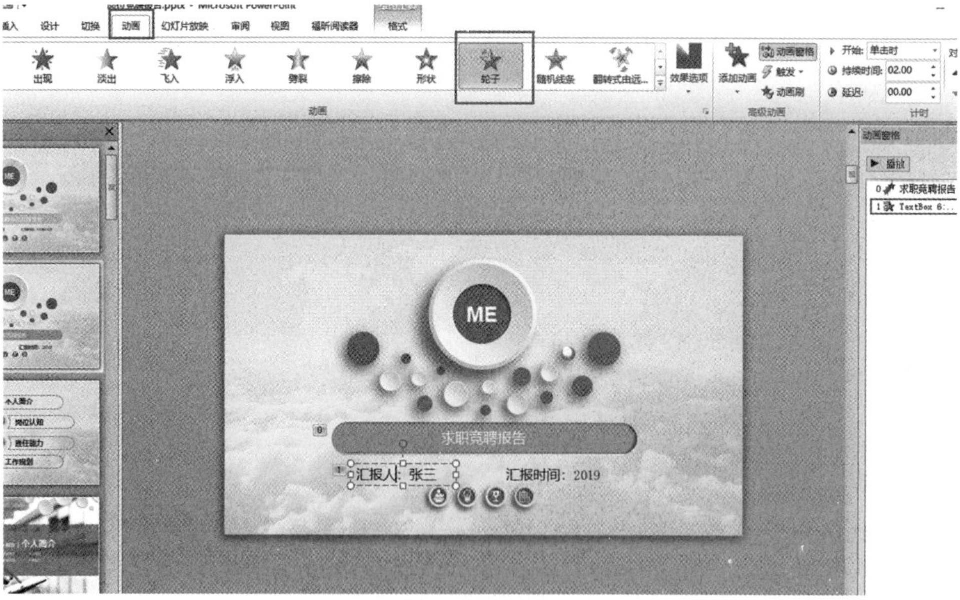

图 4-83

Step 17 将开始时间设置为“上一动画之后”（见图 4-84）。

图 4-84

Step 18 将持续时间改为 1s（见图 4-85）。

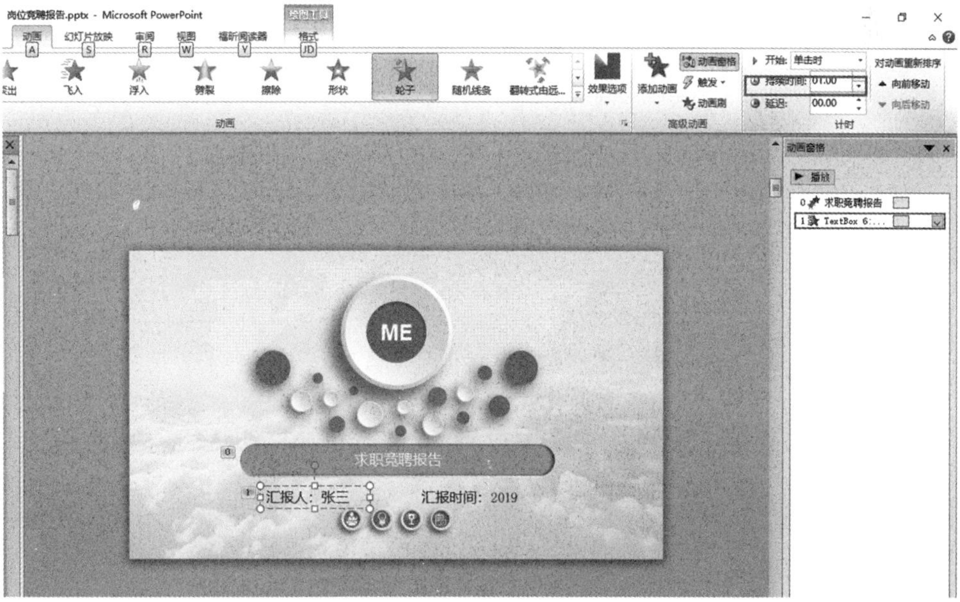

图 4-85

Step 19　选中“汇报时间”文本框，点击【动画】，选择“随机线条”效果（见图4-86）。

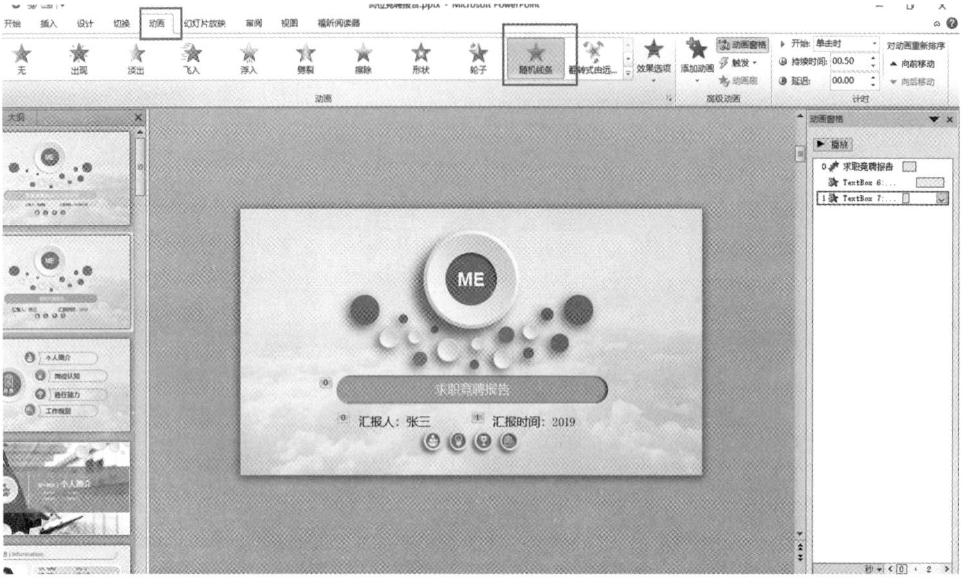

图 4-86

Step 20　继续设置动画开始时间为“与上一动画同时”（见图4-87）。

图 4-87

Step 21　设置持续时间为 1s（见图 4-88）。

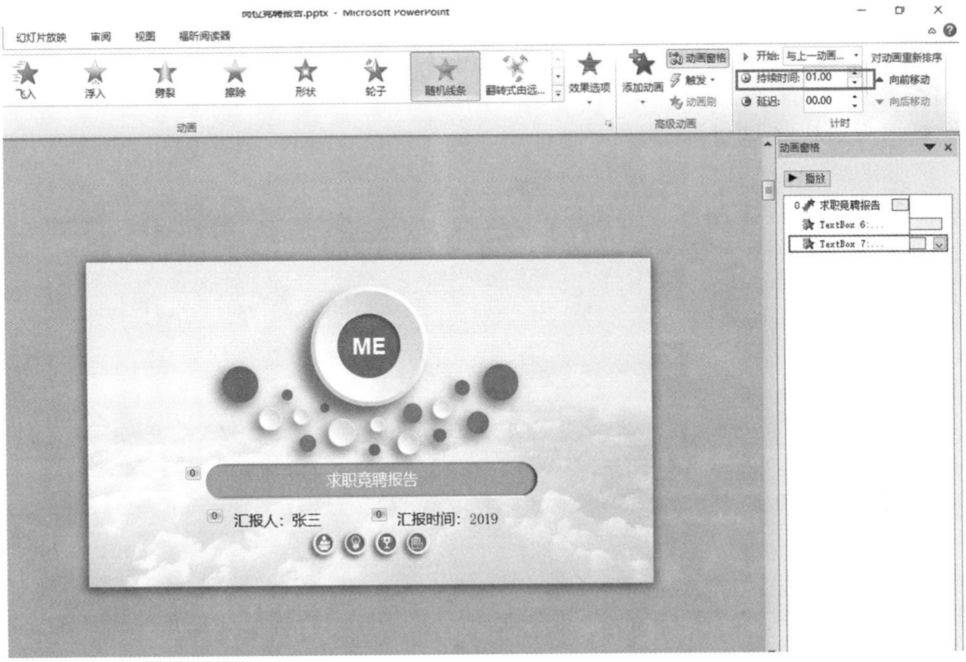

图 4-88

实验任务二　创建求职 PPT 的目录页

Step 1　新建一张幻灯片，点击【插入】→【图片】，将幻灯片的背景图片插入幻灯片中，并将图片充满整个幻灯片（见图 4-89）。

图 4-89

Step 2　添加 4 个文本框，文本框的内容分别为“个人简介”“岗位认知”“胜任能力”“工作规划”，字体为均为“微软雅黑”，字号为“28”，字体颜色为“黑色”。

Step 3　为“个人简历”“岗位认知”“胜任能力”“工作规划”4 个文本添加动画。点击【动画】，选择“飞入”效果，设置动画顺序为“与上一动画同时”，持续时间为 1.5s，延迟为 2.0s（见图 4-90）。

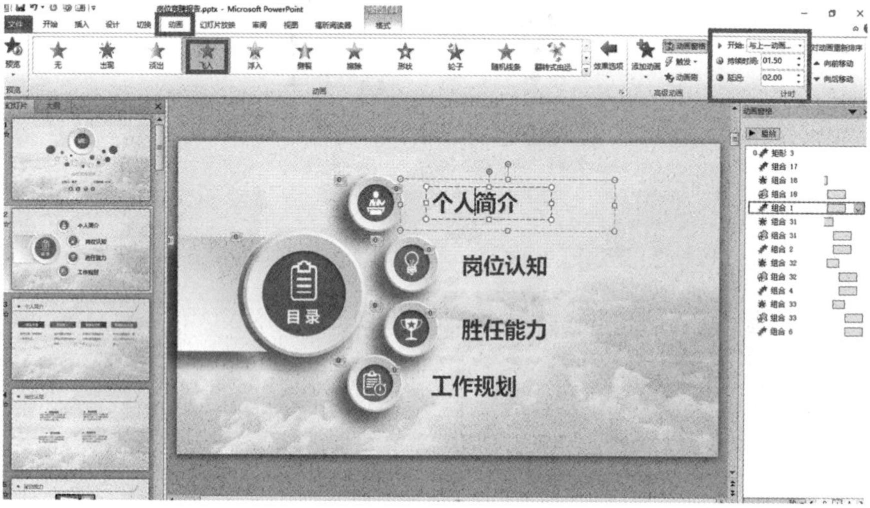

图 4-90

实验任务三　创建个人简介幻灯片

Step 1　新建一张幻灯片，点击【插入】→【图片】，将个人简历的背景图片插入幻灯片中，并将图片充满整个幻灯片（见图 4-91）。

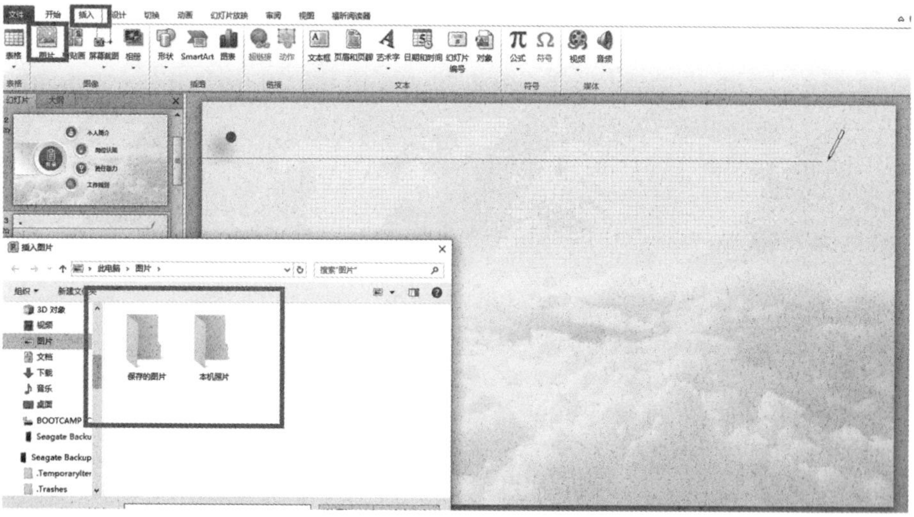

图 4-91

Step 2　在幻灯片上方添加文本框，文本框的内容为“个人简介”，字体为“微软雅黑”，字号为“28”，颜色为“黑色”。

Step 3　使用绘图工具绘制 4 个图形，其中第 1 个和第 3 个图形填充“蓝色”，第2 个和第 4 个图形填充颜色为“棕色”。

Step 4　分别在每个图形内部添加一个文本框，文本框的内容为“一等奖学金”“杰出新人”“销售冠军”“年度风云人物”，颜色为“白色”，字体为“微软雅黑”，字号为“20”。

Step 5　在每个大标题下添加 4 个文本框，文本框内的字体为“宋体”，字号为“20”，颜色为“灰色”，文本框的内容可自拟（见图 4-92）。

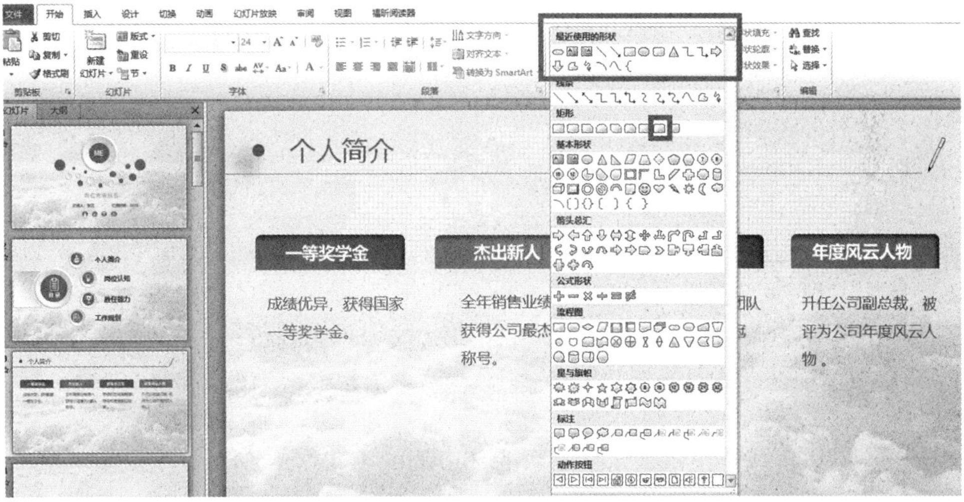

图 4-92

实验任务四　创建岗位认知幻灯片

Step 1　新建一张幻灯片，点击【插入】→【图片】，将岗位认知幻灯片的背景图片插入幻灯片中，并将图片充满整个幻灯片（见图 4-93）。

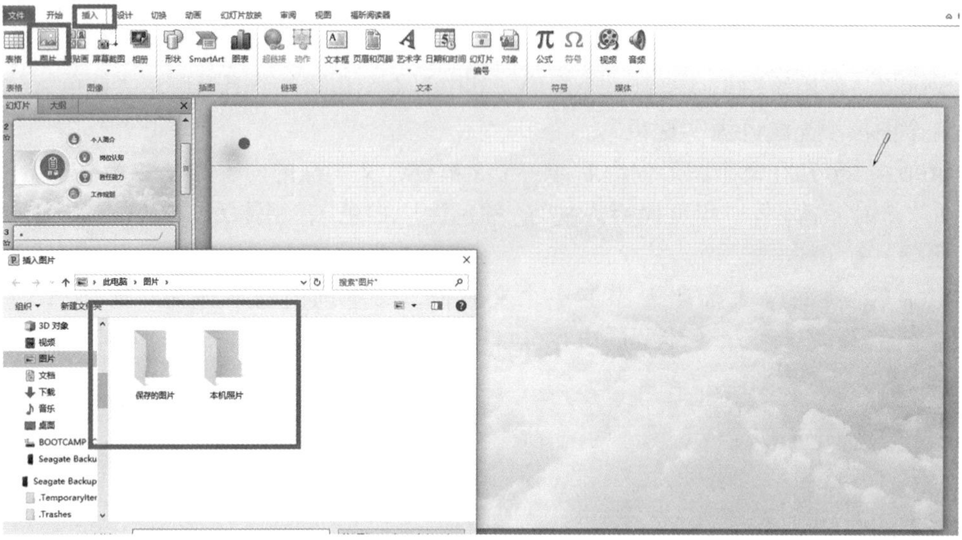

图 4-93

Step 2　在幻灯片顶部插入文本框，文本框的内容为“岗位认知”，字体为“微软雅黑”，字号为“24”，颜色为“灰色”。

Step 3　在下方添加 4 个横向文本框，在每个文本框内线绘制一个小的正方形，其中第 1 个和第 3 个小正方形的填充色为“蓝色”，第 2 个和第 4 个小正方形的填充色为“棕色”，这 4 个文本框的内容分别为“发现问题”“分析问题”“解决问题”“总结思考”。

Step 4　为 Step 3 中添加的 4 个文本框都添加一个子文本框，内容为对主题的解释，字体为“宋体”，字号为“18”，颜色为“灰色”，内容可自拟（见图 4-94）。

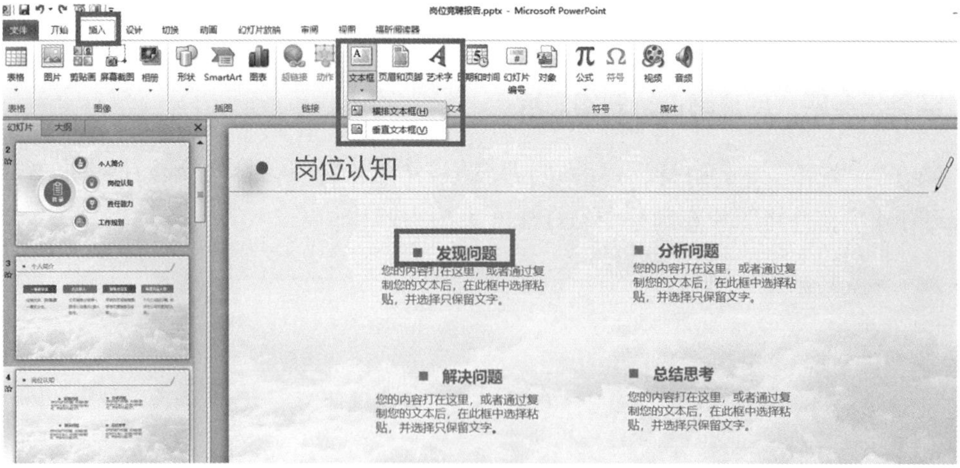

图 4-94

Step 5　为文本框中的“发现问题”“分析问题”“解决问题”“总结思考”添加动画。选中“发现问题”文字，点击【动画】，选择“浮入”效果，动画触发条件为“上一动画之后”，持续时间为 1s，延迟时间为 0s。为“分析问题”“解决问题”“总结思考”添加同样的动画。

Step 6　为“发现问题”“分析问题”“解决问题”“总结思考”4 个标题的子文本框中的文字添加动画，点击【动画】，选择“浮入”效果，动画触发条件为“上一动画之后”，持续时间为 1s，延迟时间为 0s（见图 4-95）。

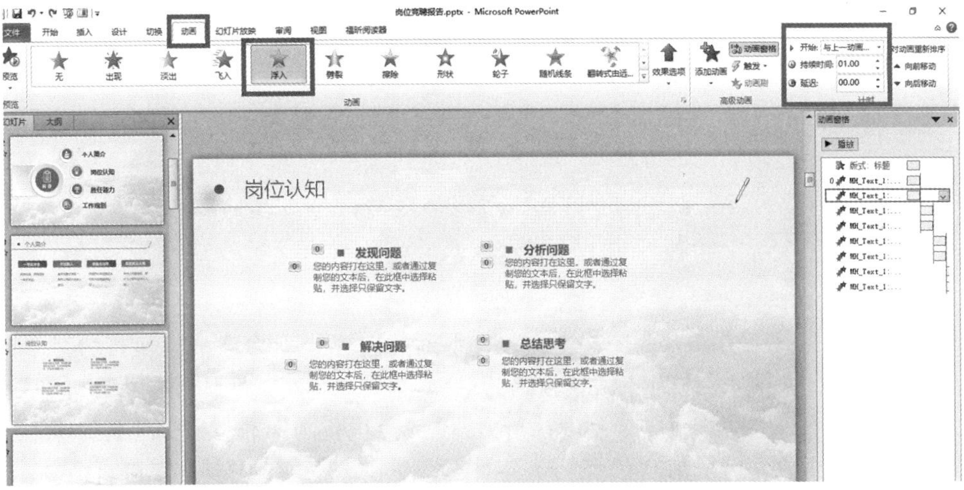

图 4-95

实验任务五　创建胜任能力幻灯片

Step 1　新建幻灯片，设置图片背景，在幻灯片顶部添加文本框，内容为“胜任能力”，字体为“微软雅黑”，字号为“24”。

Step 2　点击【插入】→【图片】，从本地文件中插入 3 张图片。

Step 3　选中插入的第一张图片，点击【动画】，选择“飞入”效果。动画触发条件为“与上一动画同时”，持续时间为 1s，延迟时间为 0s。其余两张图片的动画效果与第一张相同（见图 4-96）。

图 4-96

Step 4　在图片下方插入 3 个文本框，文本框的内容分别为“战略执行力”“制度执行力”“应急执行力”，字体为“微软雅黑”，字号为“14 号”，字体颜色为“蓝色”。

Step 5　为“战略执行力”“制度执行力”“应急执行力”依次添加一个解释文本框，字体为“微软雅黑”，字号为“10. 5 号，字体颜色为“灰色”，内容文字可自拟。

Step 6　依次为“战略执行力”“制度执行力”“应急执行力”及其解释文本添加动画，点击【动画】，选择“淡出”效果，动画触发条件设置为“与上一动画同时”，持续时间为 0. 5s，延迟为 1s（见图 4-97）。

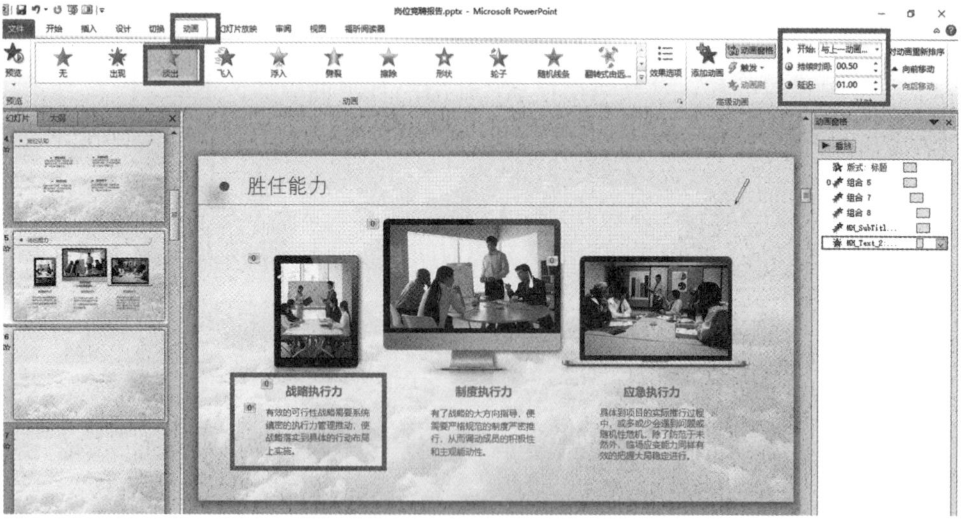

图 4-97

实验任务六 创建工作规划幻灯片

Step 1 新建幻灯片，设置图片背景，在幻灯片顶部添加文本框，内容为“工作规划 | Programming”，字体为“微软雅黑”，字号为“24 号”。

Step 2 在幻灯片中插入 4 个文本框，并在每个文本框中绘制一个小的正方形。其中，第 1 个和第 3 小正方形的填充颜色为“蓝色”，第 2 个和第 4 个小正方形的填充颜色为“棕色”。4 个文本框的内容分别为“初步完成目标”“中段完成目标”“思考调整”“最终目标”，字体为“微软雅黑”，字号为“14”，字体颜色为“深灰色”。

Step 3 在“初步完成目标”“中段完成目标”“思考调整”“最终目标”下方依次添加一个子文本框，用作对文字的解释，字体为“宋体”，字号为“10.5”，字体颜色为“灰色”，内容可自拟（见图 4-98）。

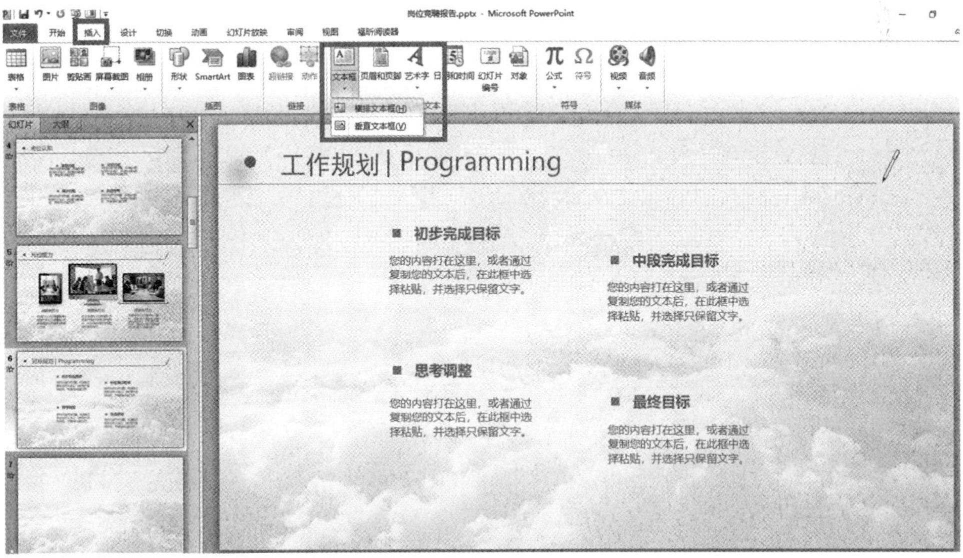

图 4-98

Step 4 为“初步完成目标”“中段完成目标”“思考调整”“最终目标”及其子文本框中的文本依次添加动画。选中“初步完成目标”，点击【动画】，选择“飞入”效果，设置触发条件为“上一动画之后”，持续时间为 0. 75s，延迟时间为 0s（见图 4-99）。

剩余幻灯片内容及其效果由读者参考前述完成（见图 4-100）。

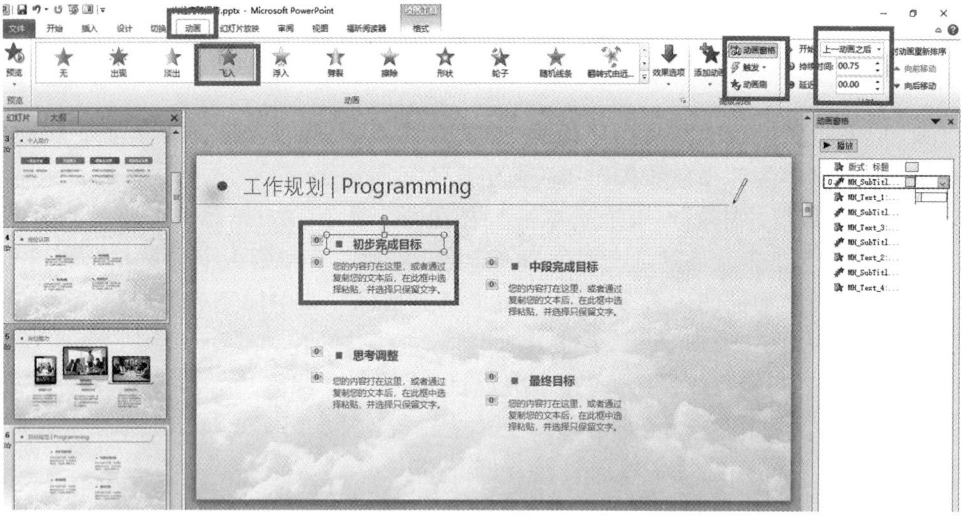

.pptx - Microsoft PowerPoint
文件 开始 插入 设计 切换 动画 幻灯片放映 审阅 视图 福昕阅读器 格式
预览 无 出现 淡出 飞入 浮入 劈裂 擦除 形状 轮子 随机线条 翻转式由远... 效果选项 添加动画
动画窗格 触发 动画刷
开始 上一动画之后
持续时间 00.75
延迟 00.00
对动画重新排序 向前移动 向后移动
动画
幻灯片 大纲
动画窗格
播放
工作规划 | Programming
初步完成目标
中段完成目标
思考调整
最终目标
您的内容打在这里，或者通过复制您的文本后，在此框中选择粘贴，并选择只保留文字。

图 4-99

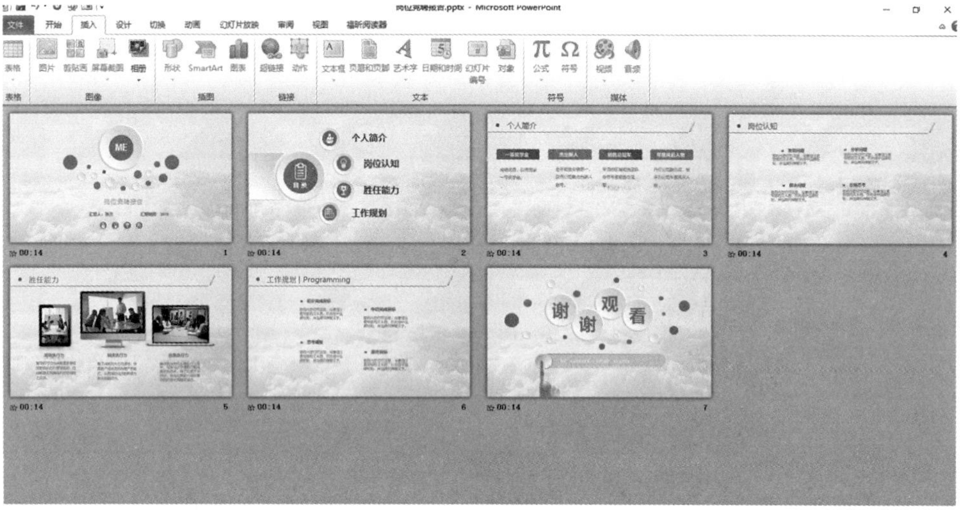

Microsoft PowerPoint
文件 开始 插入 设计 切换 动画 幻灯片放映 审阅 视图 福昕阅读器
表格 图片 剪贴画 屏幕截图 相册 形状 SmartArt 图表 超链接 动作 文本框 页眉和页脚 艺术字 日期和时间 幻灯片编号 对象 公式 符号 视频 音频
表格 图像 插图 链接 文本 符号 媒体
ME
个人简介
岗位认知
胜任能力
工作规划
工作规划 | Programming
谢 谢 观 看
00:14

图 4-100

项目五

网页设计与制作

实验一　站点的新建与管理

◎掌握新建站点的方法；
◎掌握管理站点的方法；
◎了解网页的基本结构。

实验任务一　新建站点

网站是由很多相关的文字材料和图片材料，以一定的逻辑关系组织起来的，要保障网站的网页能够正常链接，图片能够正常显示，网站设计者在最初就应该有一个大致的规划。

通常，在本地站点中设计网站时，会先建立一个文件夹，本例中，在 C 盘下建立名为“site”的文件夹，文件夹“site”中包含：图片文件夹“img”，CSS 代码文件夹“css”，JavaScript 代码文件夹“js”。

Step 1　打开软件 Dreamweaver CC 2018，选择【站点】→【新建站点】，在弹出的窗口中将【站点名称】改为“site”，并指定【本地站点文件夹】为 C 盘下建立名为“site”的文件夹（见图 5-1）。

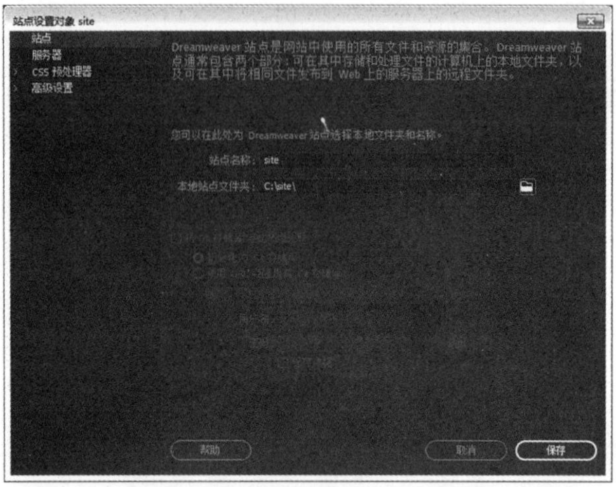

图 5-1

Step 2　选择【文件】中的【新建】，在“新建文档”中选择“HTML”类型，单击【创建】（见图 5-2），即可生成一个网页。

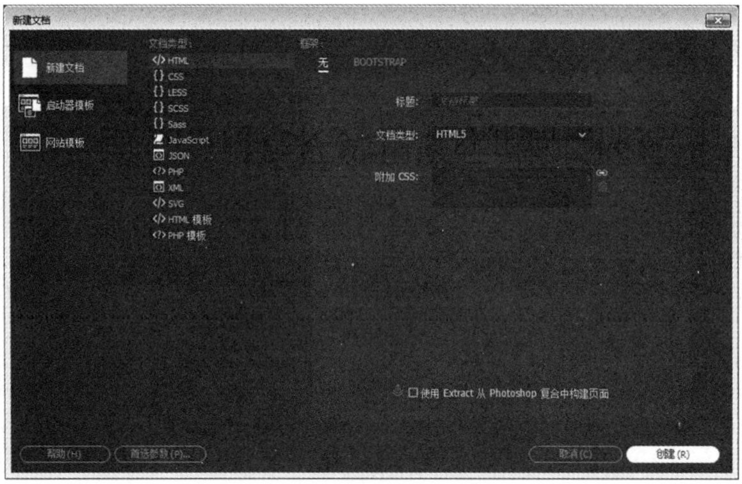

图 5-2

Step 3　选择【文件】中的【保存】，网页将会自动保存到新建站点的根目录“site”文件夹下，将其命名为“index. html”（见图 5-3）。

图 5-3

Step 4　选择【窗口】中的【文件】，可看到新建站点结构图（见图 5-4）。

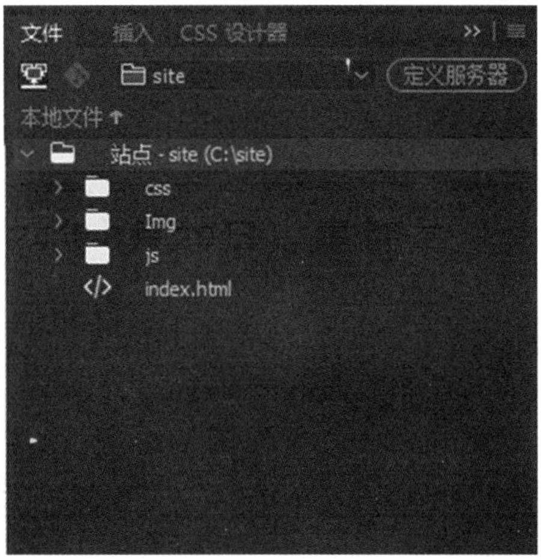

图 5-4

实验任务二　管理站点

建立好站点后，可以对网页进行整体的管理。如果要对已建立的站点 site 进行删除、修改等操作，就可以选择【站点】中的【管理站点】，在弹出的对话框中操作（见图 5-5）。

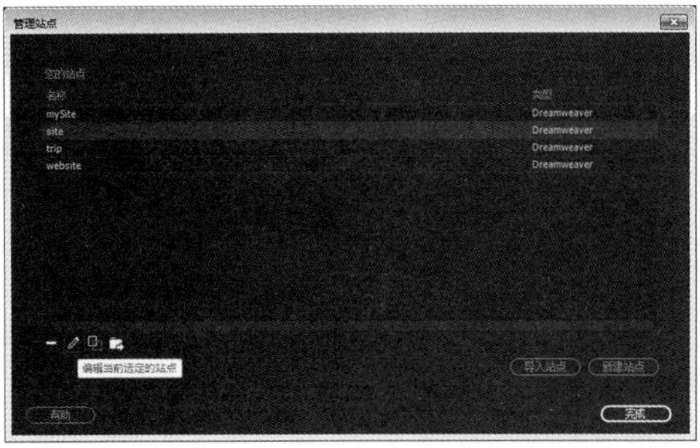

图 5-5

实验任务三　了解网页的基本结构

Step 1　掌握网页的基本结构，具体如下：

```
<! doctype html>
<html>
<head>
<meta charset="utf-8">
<title>无标题文档</title>
</head>
<body>
</body>
</html>
```

Step 2　设置网页标题命令如下：

```
<title>我的第一个网页</title>
```

Step 3　设置网页内容，命令如下：

```
<body><h1>Hello world!</h1></body>
```

Step 4　经过设置网页标题和设置网页内容，就制作出了“我的第一个网页”（见图5-6）。

图 5-6

实验二　制作简单图文网页

◎掌握新建站的方法点；

◎掌握设置网页 HTML 结构的方法；

◎掌握设置网页 CSS 样式的方法。

简单图文网页效果见图 5-7。

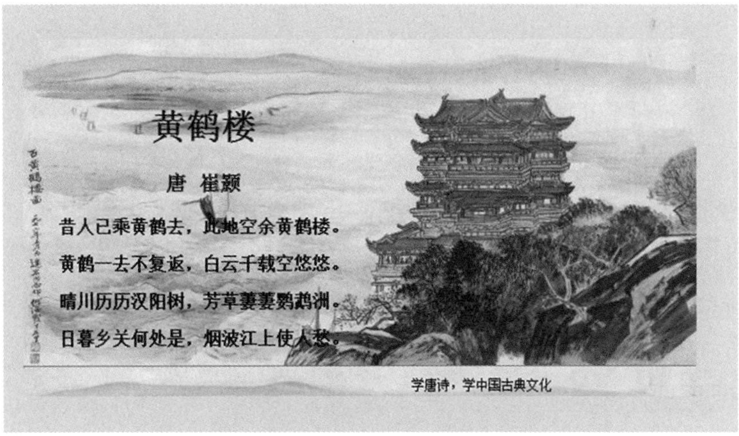

图 5-7

实验任务一　新建站点

在电脑 E 盘根目录下新建站点“mySite”（见图 5-8），并准备好黄鹤楼的素材图片。

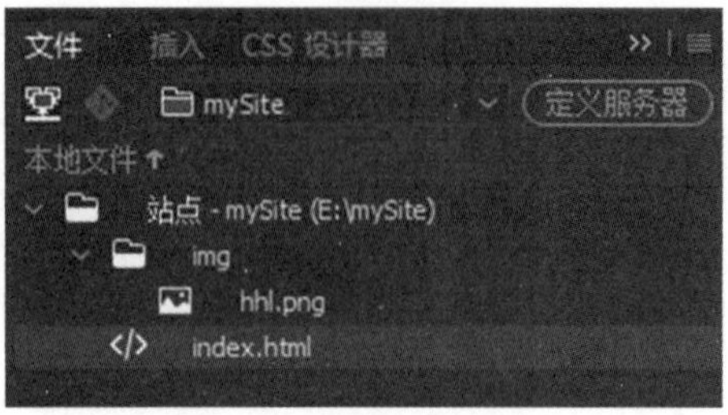

图 5-8

实验任务二　设置网页 HTML 结构

Step 1　设置布局 div：在 body 标签之间，新建一个 div，并将其 id 设置为“layout”。

```
<div id = layout > </div >
```

Step 2　设置唐诗 div：在 <div id = layout > </div >标签之间，新建一个 div，并将其 id 设为“ts”。

```
<div id ="ts">
    <h1 >黄鹤楼</h1 >
    <h3 >唐　崔颢</h3 >
    <p >昔人已乘黄鹤去，此地空余黄鹤楼。</p >
    <p >黄鹤一去不复返，白云千载空悠悠。</p >
    <p >晴川历历汉阳树，芳草萋萋鹦鹉洲。</p >
    <p >日暮乡关何处是，烟波江上使人愁。</p >
  </div >
```

Step 3　设置分隔线和动态文本：在唐诗 div 之后添加如下代码。

```
<hr >
<marquee >
学唐诗，学中国古典文化
</marquee >
```

实验任务三　设置网页 CSS 样式

Step 1　在 head 标签中添加 CSS 样式（见图 5-9）。

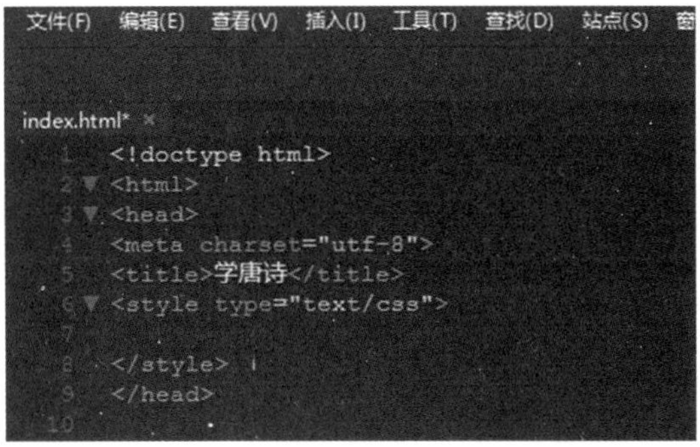

图 5-9

Step 2　设置背景色和动态文本字体大小。

```
body {
    background - color：#ece4d7；
}
marquee {
    font - size：11px；
}
```

Step 3　设置布局 div 样式。

```
#layout {
    width：632px；
    margin：50px auto；
    background - image：url（img/hhl. png）；
}
```

Step 4　设置唐诗 div 样式。

```
#ts {
    margin - left：30px；
    text - align：center；
    width：280px；
    font - weight：bold；
    padding - top：40px；
}
```

实验三　导航栏制作

◎设置导航栏 HTML 结构；
◎设置导航栏 CSS 样式。

实验任务一　设置导航栏 HTML 结构

导航栏效果见图 5-10。

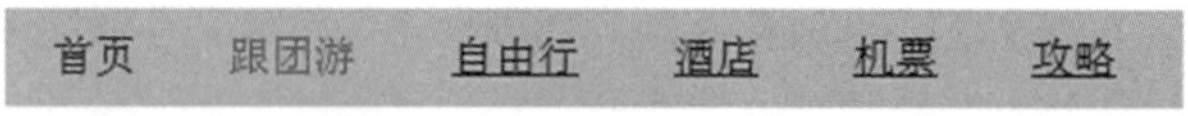

图 5-10

Step 1　在 body 标签之间设置一个 id 为“nav”的 div，并在其中插入一个无序列表。

```
<div id="nav">
  <ul>
    <li>首页</li>
    <li> <a href="gty. html">跟团游</a> </li>
    <li> <a href="zyx. html">自由行</a> </li>
    <li> <a href="jd. html">酒店</a> </li>
    <li> <a href="jp. html">机票</a> </li>
    <li> <a href="gl. html">攻略</a> </li>
  </ul>
</div>
```

Step 2　设置无序列表效果见图 5-11。

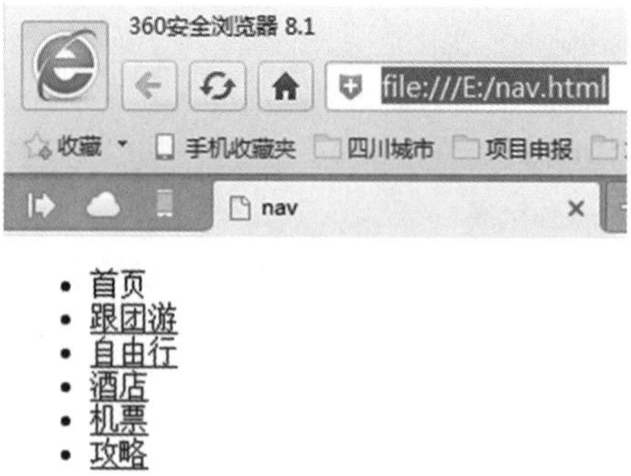

图 5-11

实验任务二　设置导航栏 CSS 样式

Step 1　设置所有元素的外边距和内边距为“0px”。

```
* {
    margin: 0px;
    padding: 0px;
}
```

Step 2　设置 body 的字体大小为“18px”，字体颜色为“黑色”。导航栏效果见图 5-12。

```
body {
    font-size: 18px;
    color: #000000;
}
```

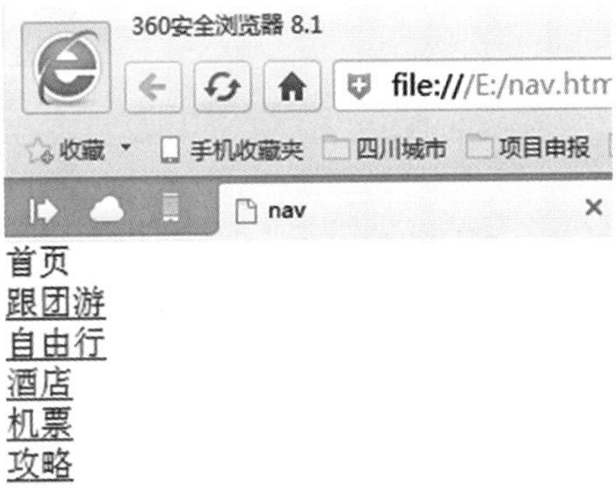

图 5-12

Step 3　设置 id 为“nav”的 div，定位为“绝对定位”，上边距为“50px”，左边距为“250px”，宽度为“500px”。导航栏效果见图 5-13。

```
#nav {
    position: absolute;
    margin-top: 50px;
    margin-left: 250px;
    width: 500px;
    background: #ccc;
}
```

图 5-13

Step 4　设置无序列表浮动属性为“左浮动”，没有项目符号，上下边距为“10px”，左右边距为“20px”，背景色为“灰色”。导航栏效果见图 5-14。

```
li {
    float: left;
    list-style: none;
    margin: 10px 20px;
    background: #ccc;
}
```

图 5-14

Step 5　设置超链接 a 标记的常规状态属性和 hover 状态属性。导航栏最终效果见图 5-15。

```
a {
    color: #000000;
    display: block;
}
a: hover {
    color: #FF0000;
    text-decoration: none;
}
```

图 5-15

实验四　制作旅游网页

◎界面布局分析；
◎设置网页 HTML 结构；
◎设置 CSS 基础样式；
◎设置网页 header 部分样式；
◎设置网页 sideBar 部分样式；
◎设置 mainContent 部分样式；
◎设置 footer 部分样式。

实验任务

旅游网页效果见图 5-16。

图 5-16

Step 1　界面布局分析。旅游网页界面分析示意图见图 5-17。

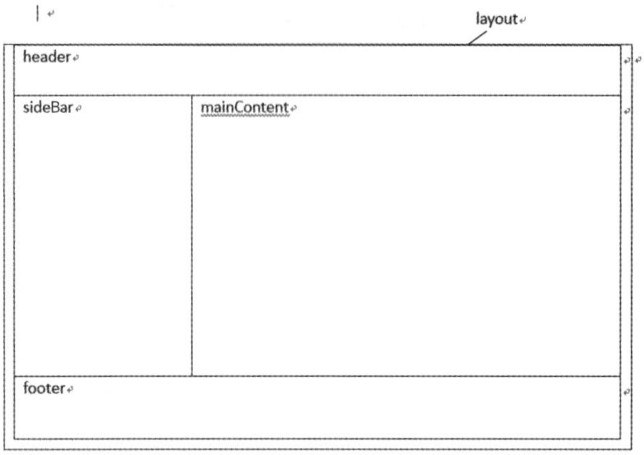

图 5-17

Step 2　设置网页 HTML 结构。旅游网页 DOM 示意图见图 5-18。

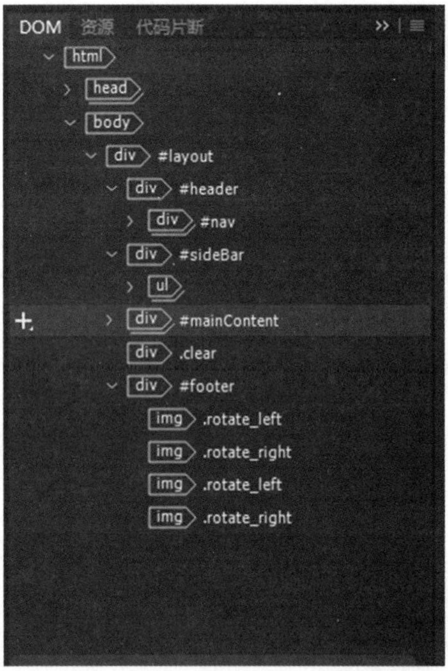

图 5-18

Step 3　设置 CSS 基础样式，代码如下：

```
* {
    margin: 0px;
    padding: 0px;
    border: none;
    list-style: none;
}
body {
    font-size: 14px;
    line-height: 1.8em;
}
#layout {
    width: 900px;
    margin: 5px auto;
}
.clear {
    clear: both;
}
```

Step 4　设置网页 header 部分样式。

设置 header 高度、下边距、背景色及背景图，代码如下：

```
#header {
    height: 76px;
    margin-bottom: 10px;
    background-color: #7eb7e2;
    background: url(img/kankan1.jpg) no-repeat;
}
```

设置导航栏样式，代码如下：

```
#nav {
    position: absolute;
    margin-top: 20px;
    margin-left: 300px;
    width: 550px;
}
li {
    float: left;
    list-style: none;
}
```

```
a {
    color: #000000;
    display: block;
    padding: 10px 15px;
    font - size: 22px;
    text - decoration: none;
    border: 1px solid #ffffff;
}
a: hover {
    color: #FFff00;
    border - bottom: none;
}
```

设置的 header 部分效果见图 5-19。

图 5-19

Step 5　设置网页 sideBar 部分样式。

设置 sideBar 部分基本样式的代码如下：

```
#sideBar {
    width: 300px;
    float: left;
    margin - right: 10px;
    text - align: center;
}
```

设计 sideBar 动画的代码如下：

```
#sideBar ul li {
    margin - top: 15px;
    transition: all . 3s;
}
#sideBar ul li: hover {
    transform: translateY ( -5px);
}
```

sideBar 部分效果见图 5-20。

成　都

九寨沟

峨眉山

都江堰

图 5-20

Step 6　设置 mainContent 部分样式。具体代码如下：

```
#mainContent {
    width: 580px;
    float: left;
}
h1 {
    margin: 12px 0px;
}
p {
    text-indent: 2em;
}
```

mainContent 部分效果见图 5-21。

成都（四川省省会、副省级市）

成都，四川省辖地级市，简称蓉，别称“蓉城、锦城”，是四川省省会、副省级市，特大城市，西部战区机关驻地，国务院确定的国家重要高新技术产业基地、商贸物流中心和综合交通枢纽，是西部地区重要的中心城市。2018年，全市下辖20个区（市）县和成都高新区、天府新区成都直管区，幅员面积14335平方公里，常住人口1633万人，GDP15342.77亿元。成都位于四川盆地西部，成都平原腹地，境内地势平坦、河网纵横、物产丰富、农业发达，属亚热带季风性湿润气候，自古享有“天府之国”的美誉；作为全球重要的电子信息产业基地，有国家级科研机构30家，国家级研发平台67个，高校56所，各类人才约389万人；世界500强企业285家。

成都是国家历史文化名城，古蜀文明发祥地，中国十大古都之一。周太王以“一年成邑，二年成都”，故名成都；先后有7个割据政权在此建都；一直是各朝代的州、郡治所；汉为全国五大都会之一；唐为中国最发达的工商业城市之一，史称“扬一益二”；北宋是汴京以外的第二大都会，发明了世界上第一种纸币交子。拥有都江堰、武侯祠、杜甫草堂、金沙遗址等名胜古迹，是中国优秀旅游城市。先后获世界最佳新兴商务城市、中国内陆投资环境标杆城市、国家小微企业双创示范基地城市、中国城市综合实力十强、中国十大创业城市等。2019年8月，中国海关总署主办的《中国海关》杂志公布了2018年“中国外贸百强城市”排名，成都排名第18。

风景名胜

成都拥有武侯祠、杜甫草堂、永陵、望江楼、青羊宫、文殊院、明蜀王陵、昭觉寺等众多历史名胜古迹和人文景观。成都也是四川大熊猫栖息地，拥有大熊猫基地。

名优特产

川菜，菜式多样，口味清鲜醇浓并重，以善用麻辣著称，并以其特别的烹调方法和浓郁的地方风味，是中国四大菜系之一。联合国教科文组织授予成都“世界美食之都”称号，成都出产的郫县豆瓣被誉为“川菜之魂”，是川菜中必不可少的组成部分。成都小吃：双流老妈兔头、夫妻肺片、担担面、龙抄手、钟水饺、韩包子、三大炮、赖汤圆、甜水面、伤心凉粉、军屯锅盔、肥肠粉等。成都菜品：麻婆豆腐、回锅肉、鱼香肉丝、宫保鸡丁、口水鸡、青城山老腊肉、咸烧白、香水鱼、樟茶鸭、九尺板鸭、简阳羊肉汤、冒菜等。成都火锅：皇城老妈、川西坝子、海底捞、蜀九香、大龙燚等。

蜀绣，又称“川绣”，是以成都为中心的刺绣品总称。产于四川成都、绵阳等地。蜀绣与苏绣、湘绣、粤绣齐名，合称中国四大名绣。据文献记载，蜀国最早的君王蚕丛已经懂得养殖桑蚕。汉末三国时，蜀锦蜀绣就已经驰名天下，作为珍稀而昂贵的丝织品。唐代末期，南诏进攻成都，掠夺的对象除了金银、蜀绣，还大量劫掠蜀绣工匠，视之为奇珍异物。

图 5-21

Step 7　设置 footer 基本样式，代码如下：

```
#footer {
    text - align: center;
}
#footer img {
    margin: 5px 15px 0px 0px;
}
```

设置图片旋转效果的代码如下：

```
.rotate_left {
    -ms-transform: rotate(7deg); /* IE 9 */
    -moz-transform: rotate(7deg); /* Firefox */
    -webkit-transform: rotate(7deg); /* Safari and Chrome */
    -o-transform: rotate(7deg); /* Opera */
   transform: rotate(7deg);
}
.rotate_right {
    -ms-transform: rotate(-8deg); /* IE 9 */
    -moz-transform: rotate(-8deg); /* Firefox */
    -webkit-transform: rotate(-8deg); /* Safari and Chrome */
    -o-transform: rotate(-8deg); /* Opera */
   transform: rotate(-8deg);
}
```

footer 部分效果见图 5-22。

图 5-22